有趣的女装纸样变化：
夹克衫、马甲、大衣、披肩

［日］野中庆子　杉山叶子　著
宋　丹　译

上海科学技术出版社

目　录

Style 1 箱式夹克衫

袖窿处加入胸省的短款箱式夹克衫。无装领的设计通过领圈的造型变化和拼接布的组合排列、口袋的设计等，给人带来不同的视觉效果。

基本

Style 1 * 箱式夹克衫

无领设计的短款箱式夹克衫，简洁、帅气。

如何制作 ⇨ 42页

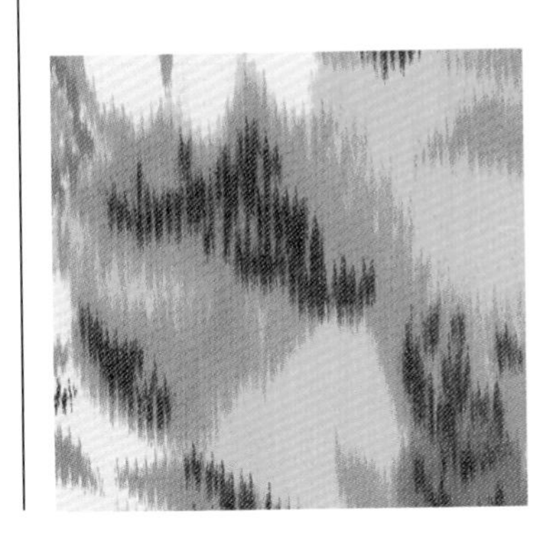

基础纸样（正面）

在后衣身的肩线和前衣身的袖窿处加入省道，袖片是基础的两片袖。

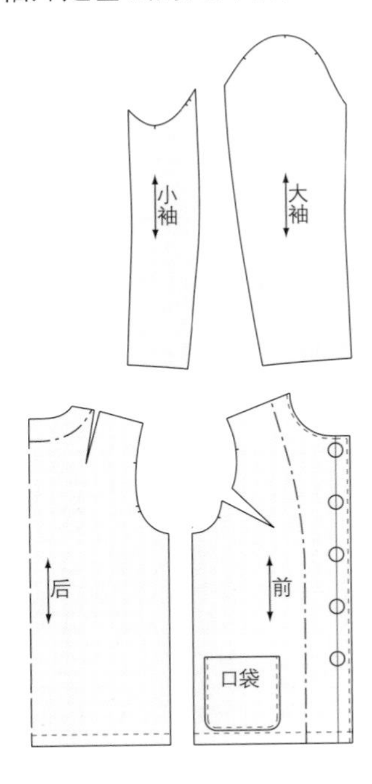

应用 **1**

Style 1 * 箱式夹克衫

前衣身加入前门襟和刀背缝分割，后衣身加入育克分割便成为运动轻便风设计。

如何制作 ⇨ 44页

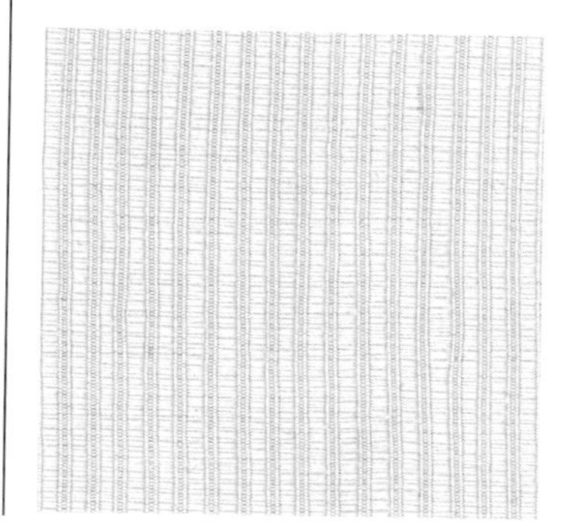

纸样变化

后衣身的育克在省尖点位置加入水平分割线，合并肩省量；从前衣身袖窿省的省尖点进行延长并垂直加入分割线。

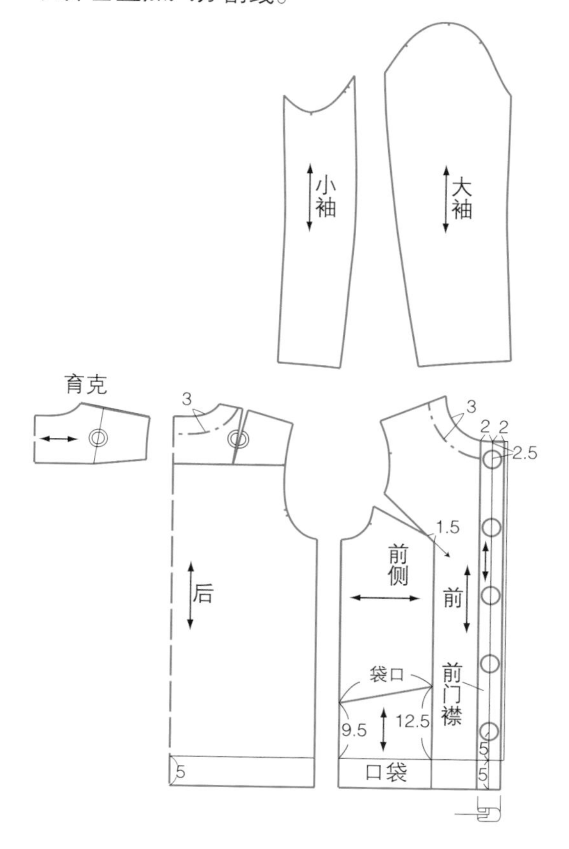

应用 2

Style 1 * 箱式夹克衫

领圈、袖窿、袖口与衣身的双拼色设计，给人带来一种敏捷、利落的感觉。

如何制作 ⇨ 46 页

纸样变化

后衣身的肩省转移至领口；通过合并省道量来绘制领圈和袖窿处的拼接布。

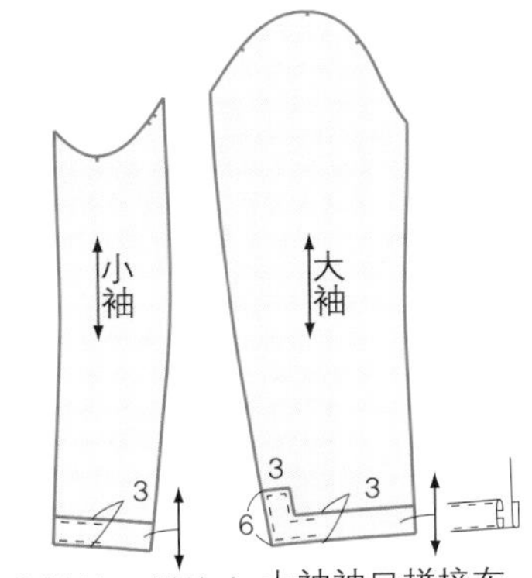

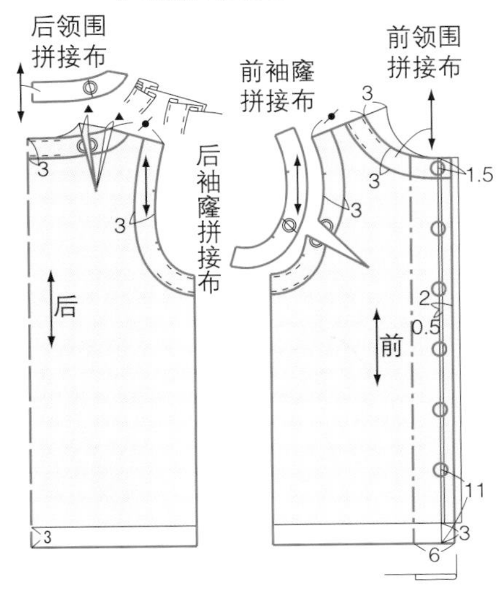

应用 3

Style 1 * 箱式夹克衫

袖窿以下分割配以细褶设计，面料和色彩的巧妙融合更能体现出得体的着装风格。

如何制作 ⇨ 47 页

纸样变化

前后育克是在袖窿以下的部分进行分割，后衣身的肩省转移至领口，前衣身的袖窿省闭合。

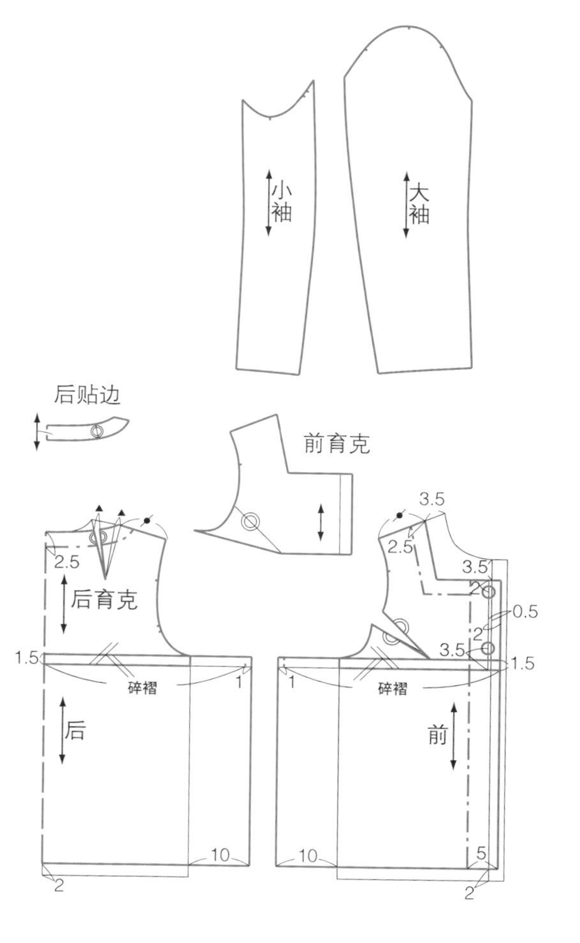

Style 2 箱式大衣

腰省和无拼接的箱式造型大衣，肩部配以省道，通过设计的变化、面料的变化，带来更多不一样乐趣。

基本

Style 2 * 箱式大衣

简洁的无领短款大衣，搭配纽扣和装饰腰带以修饰外套的“H”形廓形。

如何制作 ⇨ 48 页

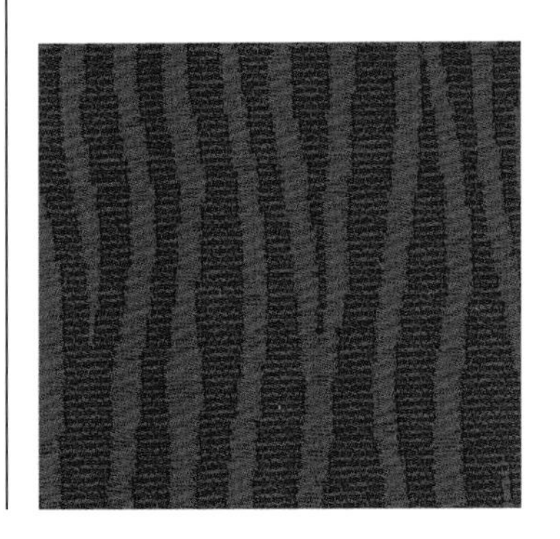

基础纸样（正面）

简洁的箱式线条，加上控制腰部饰带的抽褶量，会使服装更加修身合体。

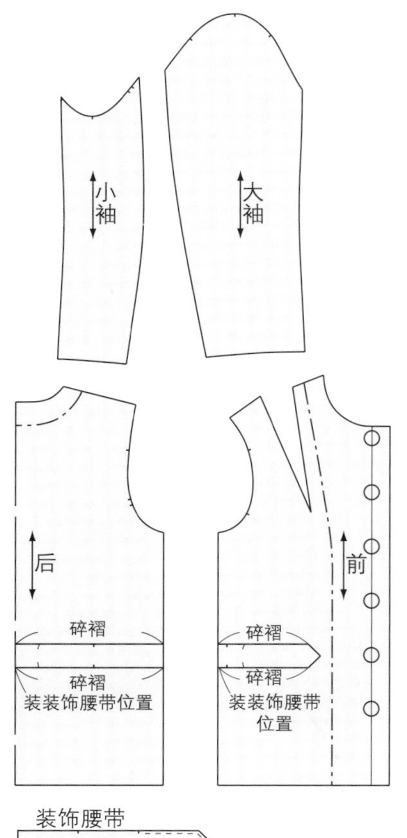

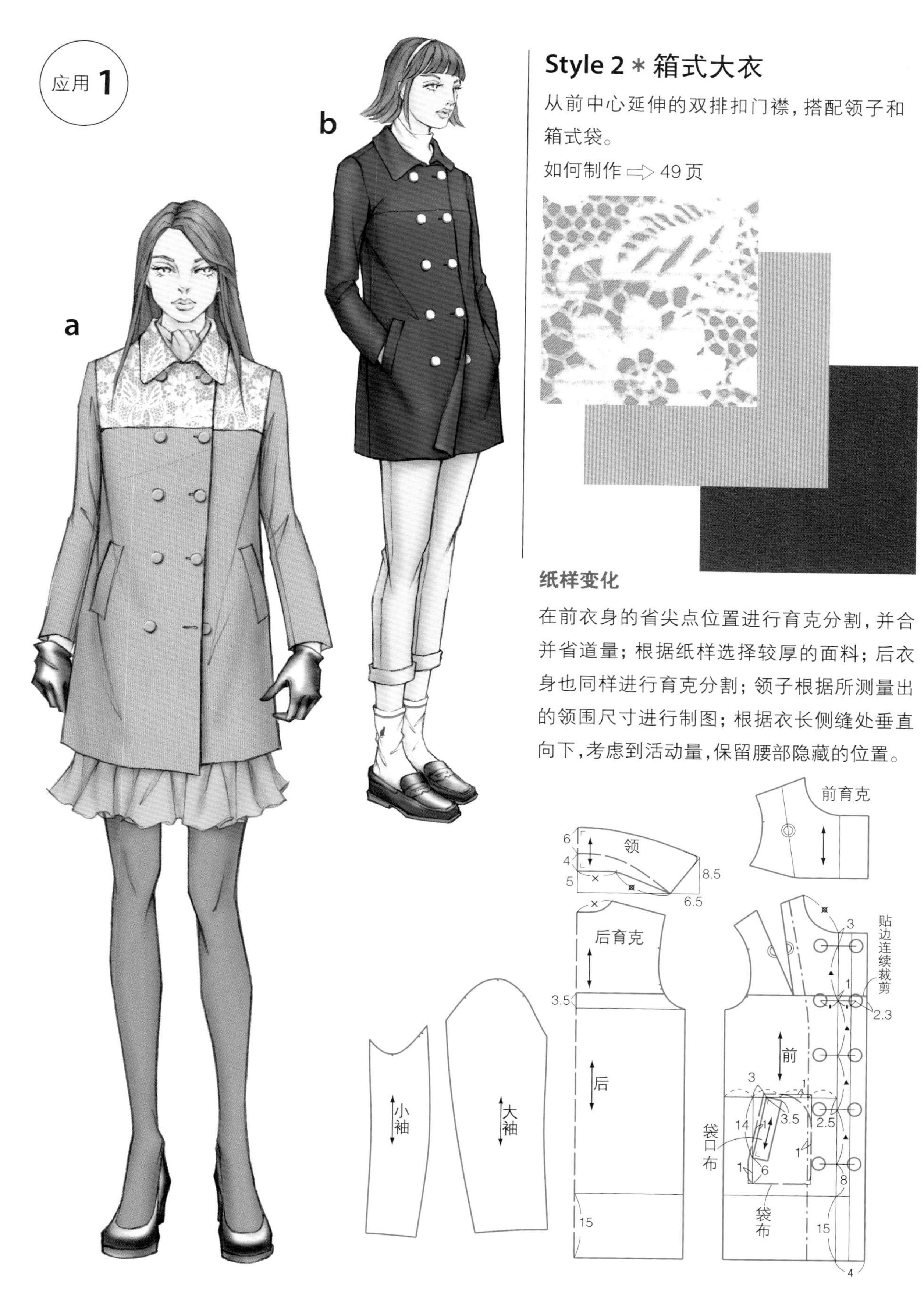

Style 2 * 箱式大衣

从前中心延伸的双排扣门襟，搭配领子和箱式袋。

如何制作 ⇨ 49页

纸样变化

在前衣身的省尖点位置进行育克分割，并合并省道量；根据纸样选择较厚的面料；后衣身也同样进行育克分割；领子根据所测量出的领围尺寸进行制图；根据衣长侧缝处垂直向下，考虑到活动量，保留腰部隐藏的位置。

应用 **2**

Style 2 * 箱式大衣

育克分割搭配腰带式的装饰布和肩章更突出了军装风大衣的设计特点。

如何制作 ⇨ 50页

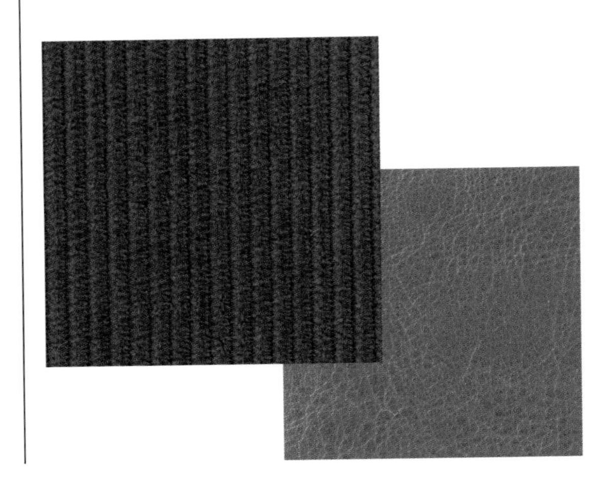

纸样变化

装饰布通过合并胸省进行制图；领子根据测量出的领围尺寸进行制图。

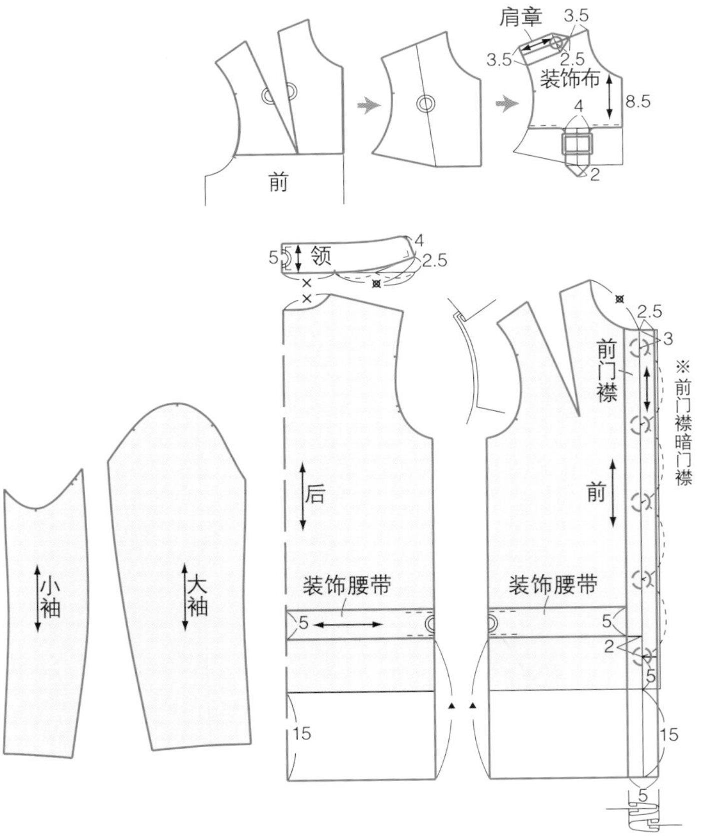

应用 3

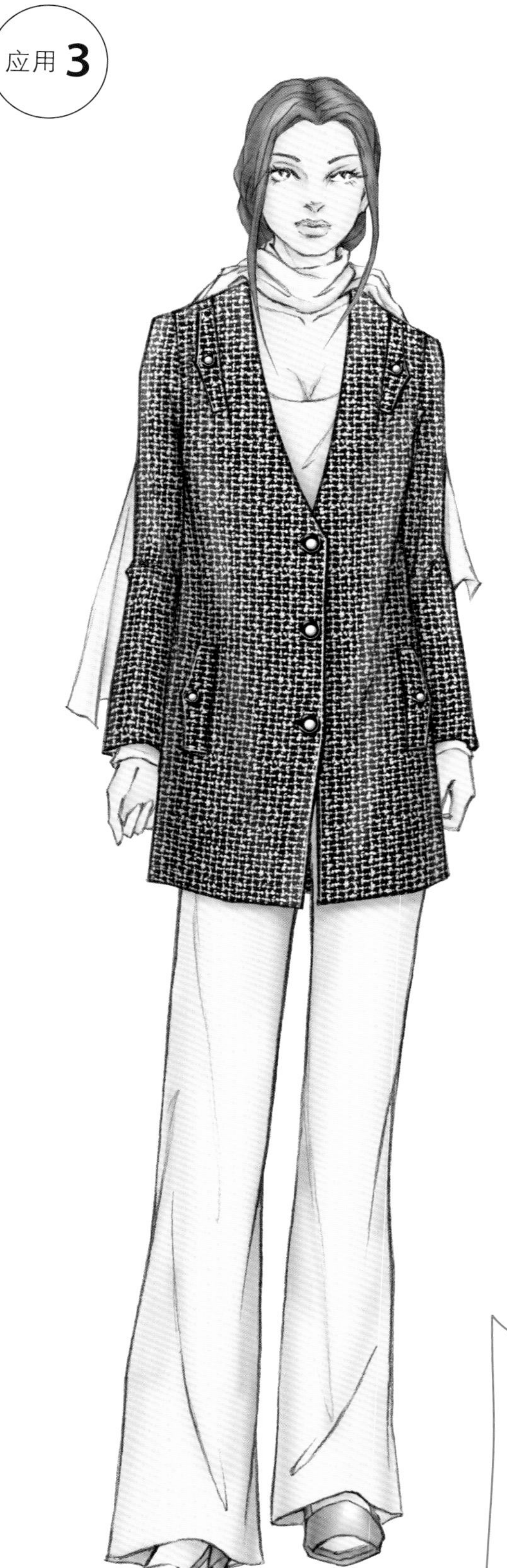

Style 2＊箱式大衣

将基础的圆领修剪成“V”形领对襟大衣，搭配缝制变化款装饰袋盖。

如何制作 ⇨ 52页

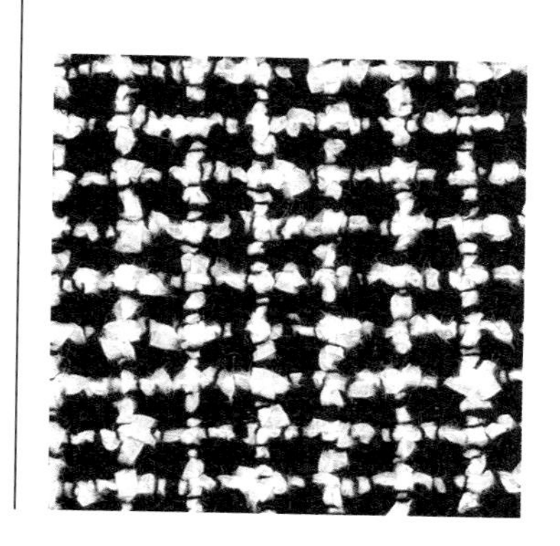

纸样变化

修整前领围弧线；增加衣长，在腰部绘制有带盖的口袋和袋布；袋布的大小根据手放入口袋的深浅进行绘制。

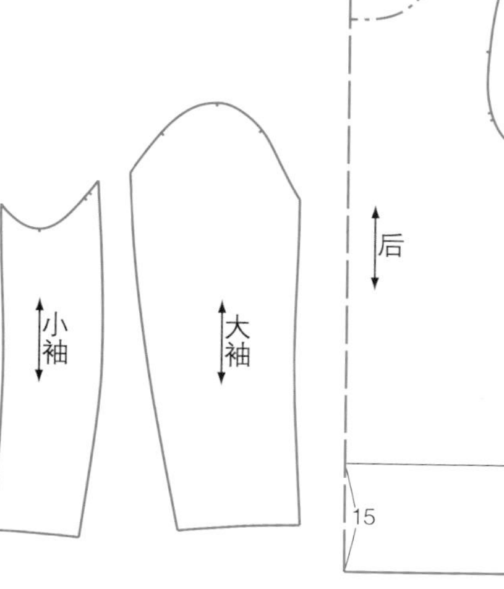

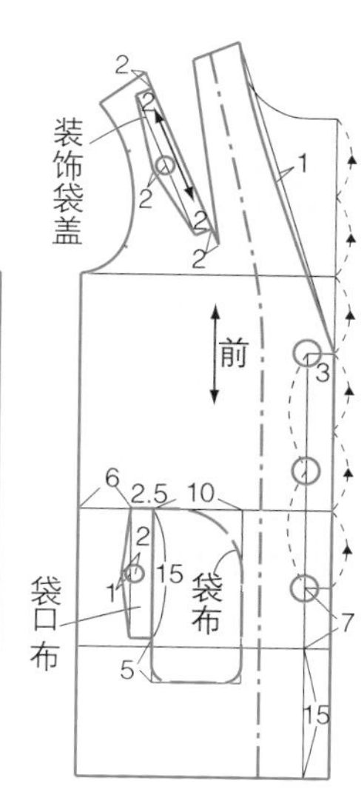

Style 3 马 甲

公主线拼接收腰背心。利用拼接可以夹缝装饰布、缝制口袋和育克，不同材质面料的组合会带来不一样的时尚乐趣。

基本

Style 3 * 马甲

公主线分割的简洁款马甲，后片腰围线处缝制腰带。

如何制作 ⇨ 54页

基础纸样（反面）

前后衣身从肩线到下摆线进行公主线分割，收腰。

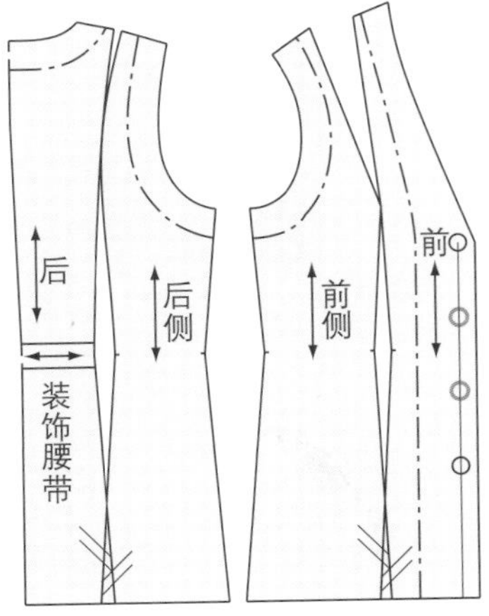

应用 1

Style 3 * 马甲

公主线分割的下摆部分夹缝装饰布的设计，飘逸、雅致。

如何制作 ⇨ 56页

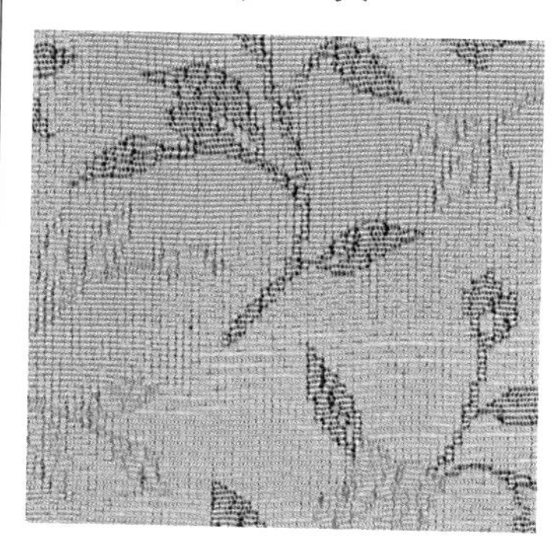

纸样变化

测量缝止点到下摆的尺寸，进行装饰布的制图。

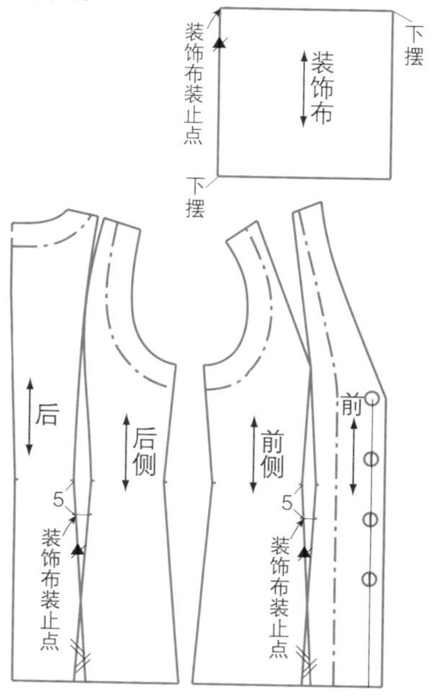

Style 3＊马甲

优雅的青果领设计，前分割夹缝镶边，选择合适的面料这件马甲也可以成为正式着装。

如何制作 ⇨ 58页

纸样变化

青果领，前衣身的领围和肩的分割线，保持原样进行结构制图。

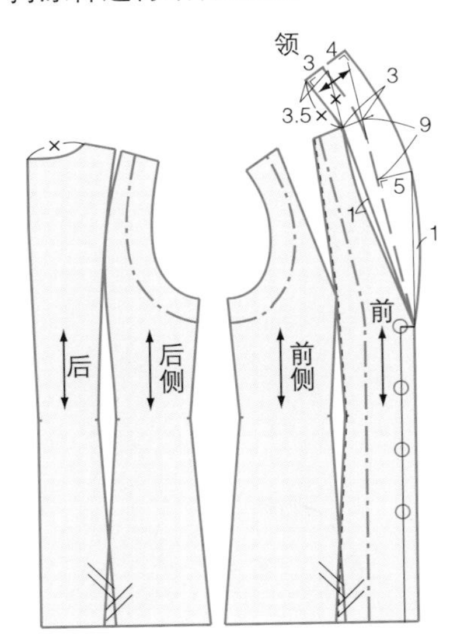

应用 3

Style 3 * 马甲

在口袋和育克的分割处夹缝流苏的休闲设计。

如何制作 ⇨ 59页

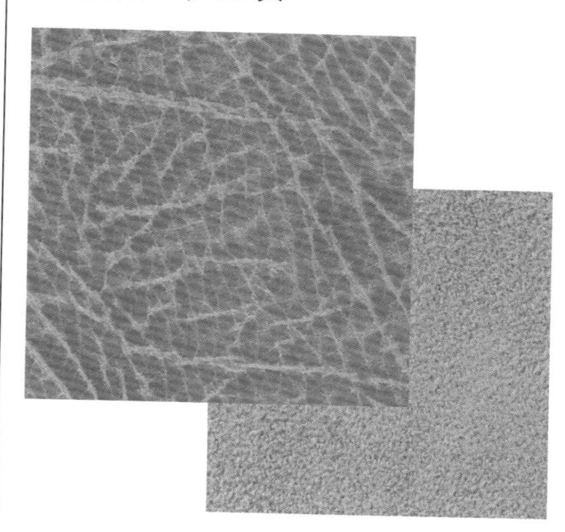

纸样变化

前后育克是由公主线分割合并而成，育克线要保证合并后的尺寸与之前一样再进行制图。

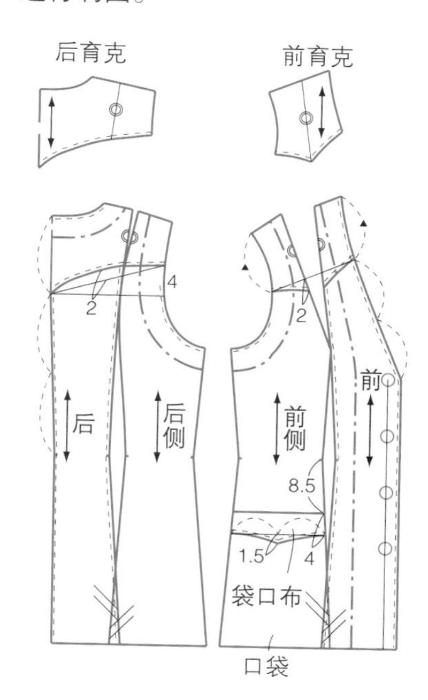

Style 4 刀背缝夹克衫

由衣身袖窿开始进行刀背缝分割的简洁款夹克衫。从英朗的男式风格转变成柔美的女式风格，给人带来更有趣味的变化。

基本

Style 4* 刀背缝夹克衫

无领的简洁款造型，更能强调出刀背缝分割的设计感。

如何制作 ⇨ 60页

基础纸样（反面）

袖窿开始的分割线有意识地通过胸高点，从视觉上更能展现女性的纤细姿态。

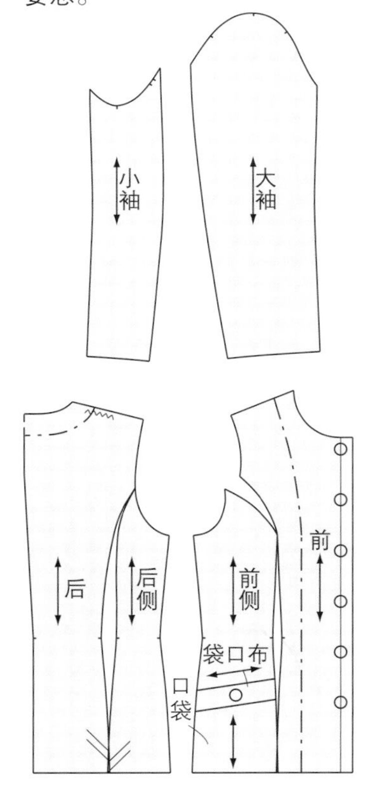

应用 1

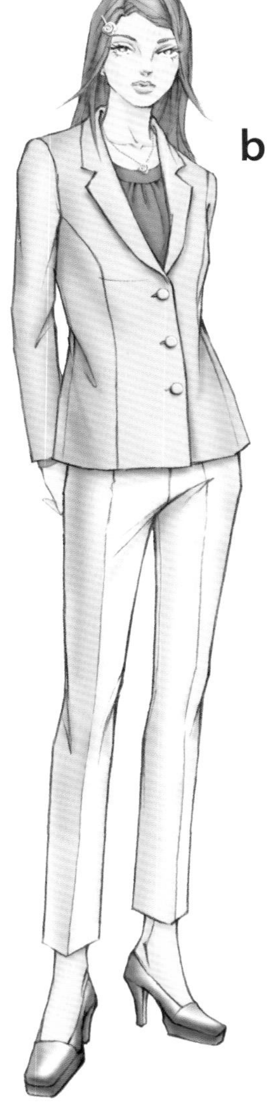

Style 4* 刀背缝夹克衫

搭配男式女西装领更凸显男式风格的设计特色。因此在选择面料时也倾向于男式面料。

如何制作 ⇨ 61页

纸样变化

修整领围，这个领子按照男式女西装领的制图方法进行制图。

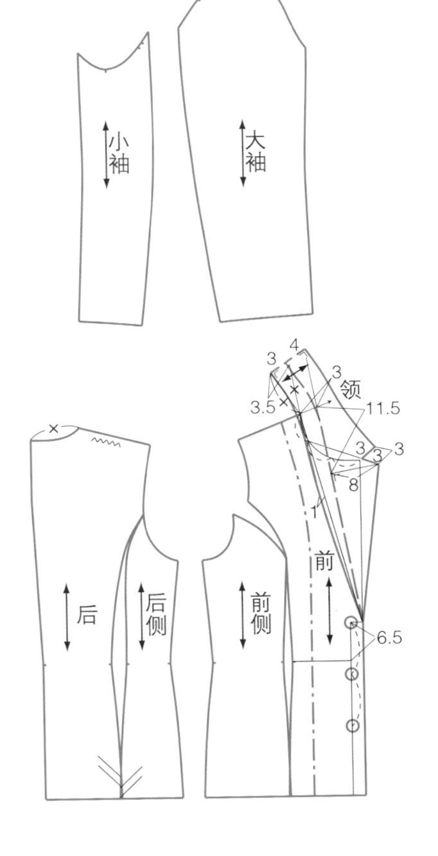

应用 **2**

Style 4* 刀背缝夹克衫

下摆处配有腰部装饰边分割的夹克衫，在拉链开口处车辑明线更突出设计效果。

如何制作 ⇨ 62页

纸样变化

在低腰的位置进行分割，下摆的部分纸样闭合。前端重叠量修剪掉成为对合的开口拉链门襟。

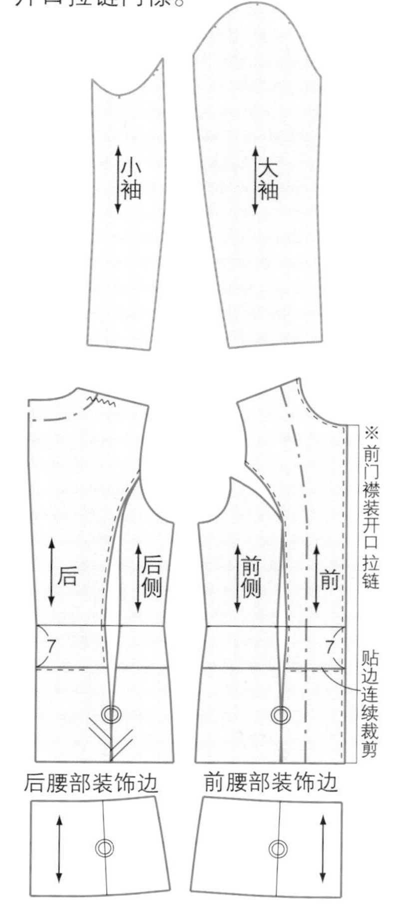

应用 3

Style 4* 刀背缝夹克衫

配以下摆腰部装饰边和荷叶边领的夹克衫。选择柔软的面料和花纹更凸显女性的优雅感。

如何制作 ⇨ 64页

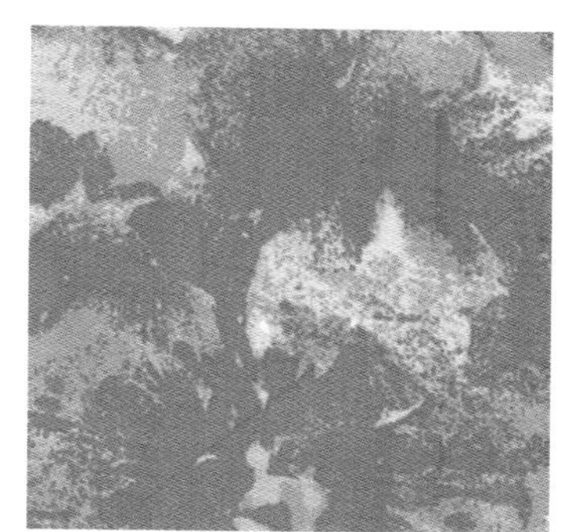

纸样变化

前侧加入省道。腰部进行分割，修剪衣长后再修整腰部装饰边的纸样。荷叶边领使用衣身的领围和肩线画领子，并在领子外围切展开加入切展量。

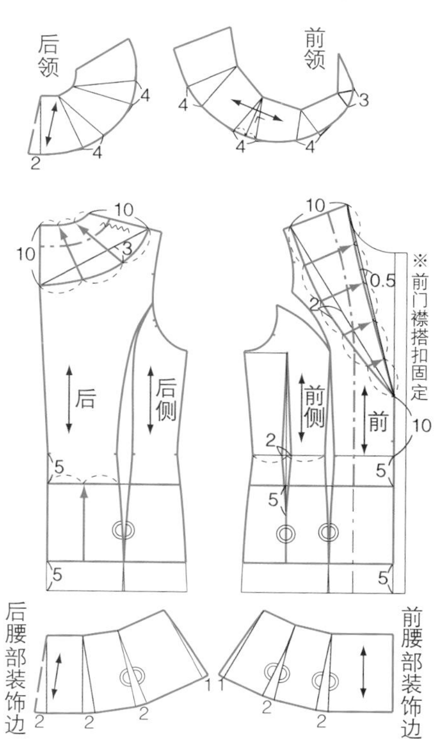

Style 5 披　肩

包裹肩部的小披肩。不会感到碍事的披肩结合了合体与时尚感的设计。通过面料的变化，成为一年四季都可搭配穿着的服装。

基本

Style 5* 披肩

无装领的小圆领短款披肩。采用1粒纽扣固定的简洁设计。

如何制作 ⇨ 66页

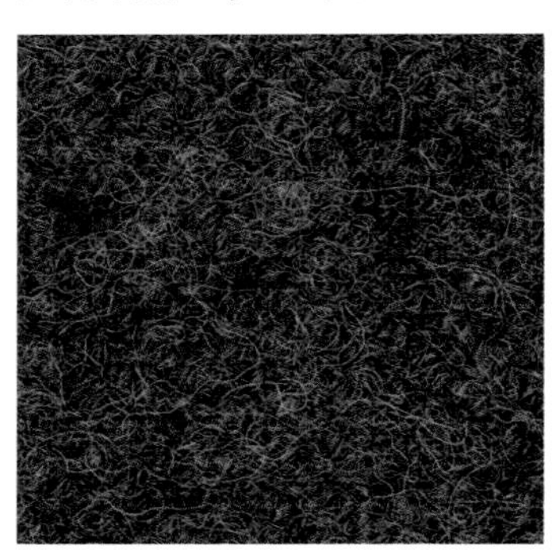

基础纸样（正面）

肩头圆顺边加入适量的松量，边画顺线条。为了这个平顺的线条，要求前肩线的倾斜角度大于后肩线。

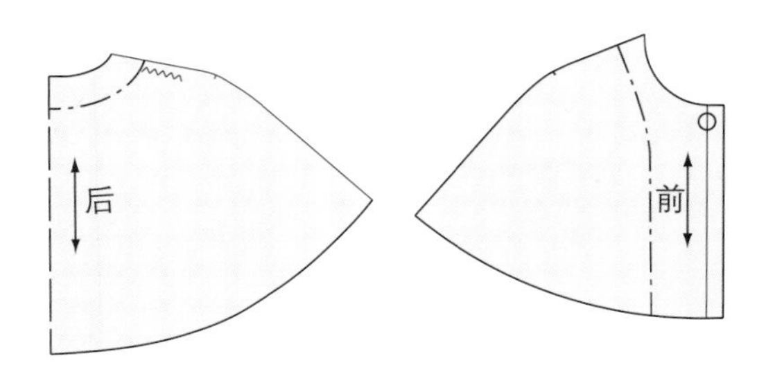

应用 **1**

Style 5* 披肩

到前后肩线位置育克拼接，下摆处加入切展量的女性化设计。

如何制作 ⇨ 67页

纸样变化

前后育克是在过肩点6厘米的位置画弧形分割线。前后片在育克侧和下摆侧中间分别画四等分的切展线，仅在下摆处加入切展量。同样在后中心也追加切展量。

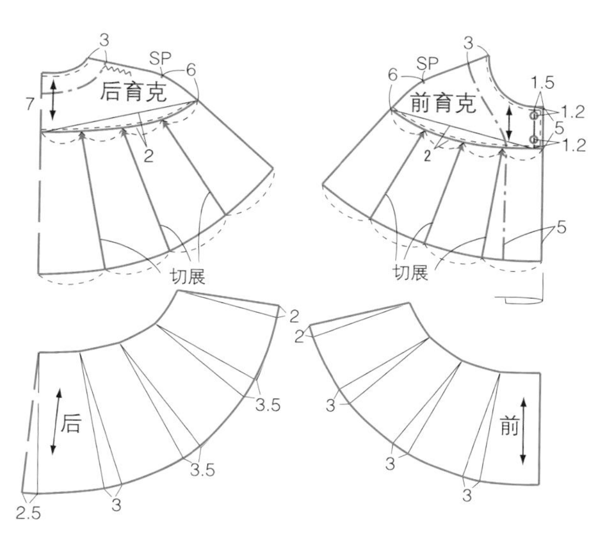

应用 **2**

Style 5* 披肩

因为披肩的分量较小，在肩头分割并加入细褶量更能突出立体设计感。

如何制作 ⇨ 68 页

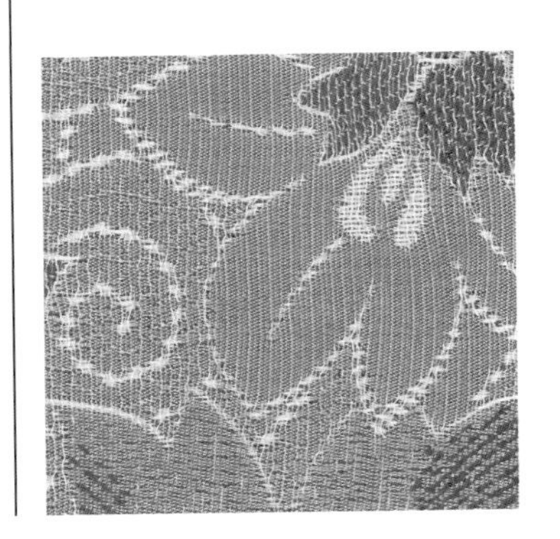

纸样变化

前后衣身的肩部加入公主线分割，并绘制袖片，拉伸袖山将细褶量做松量追加在袖山头处。前后袖片拼合。

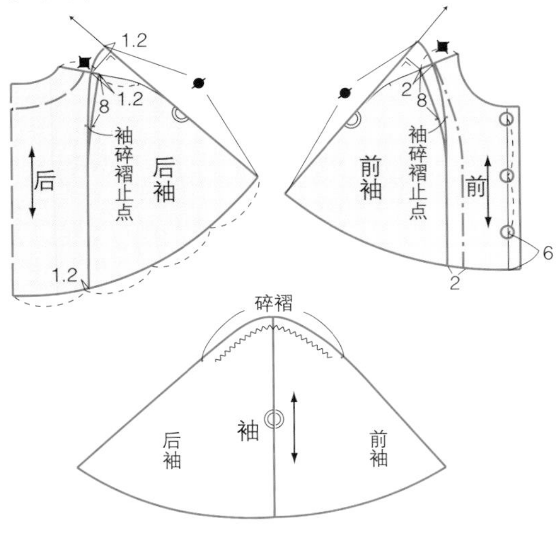

应用 3

Style 5* 披肩

配有领座的领子和缝制肩章的军装风披肩。面料多采用华达呢和卡尔赛粗呢。

如何制作 ⇨ 69页

纸样变化

前段处双排扣追加重叠量；测量前后领围尺寸绘制含领座的衬衫领；绘制肩章。

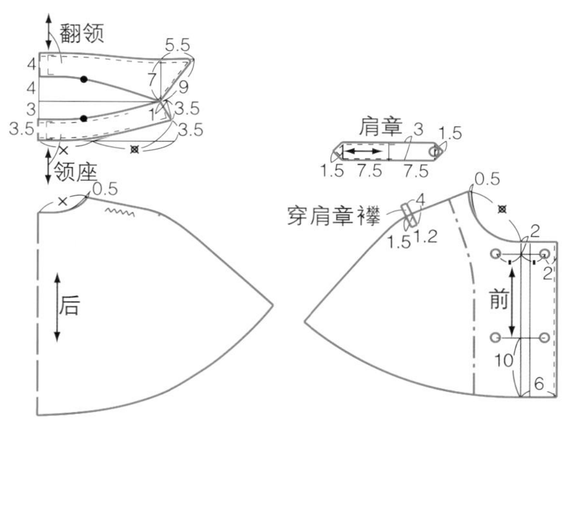

Style 6 喇叭式大衣

在衣身下摆处加入切展量的半大衣。袖子是装袖且含松量的半插肩袖。领子也是根据设计变化给人带来完全不一样的感觉。

基本

Style 6 * 喇叭式大衣

加入切展量的短款大衣为了能更好地展示出喇叭造型,选择细腻柔软的面料。

如何制作 ⇨ 70页

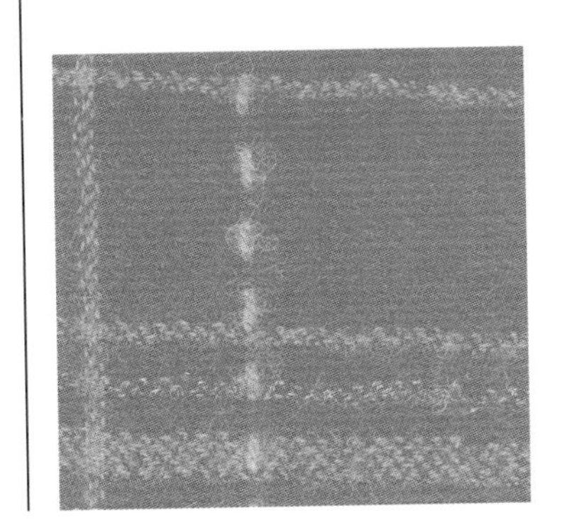

基础纸样(反面)

前后衣身加入充足的切展量,在袖山处加入分割的半插肩袖。领角圆顺的翻领。

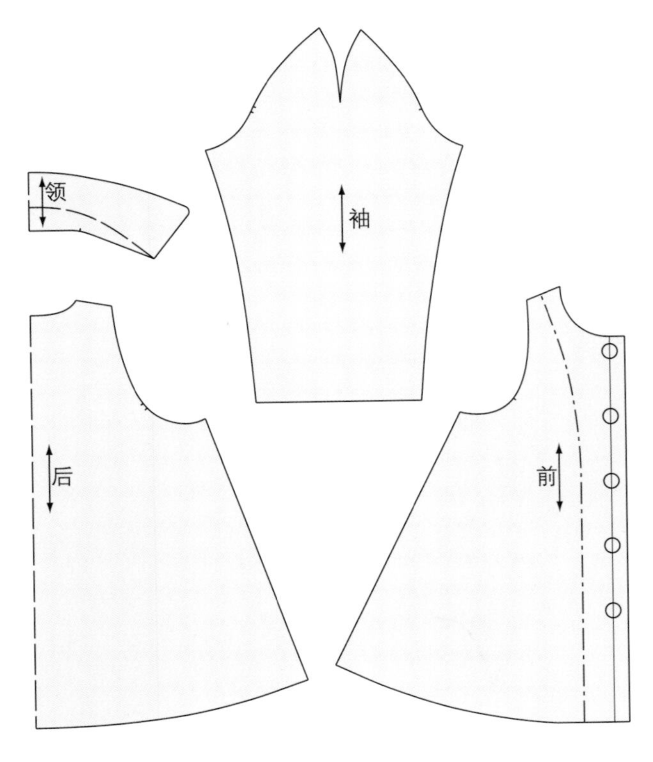

应用 **1**

Style 6 * 喇叭式大衣

无领搭配下摆方角的线条更能强调出喇叭的造型设计。

如何制作 ⇨ 71页

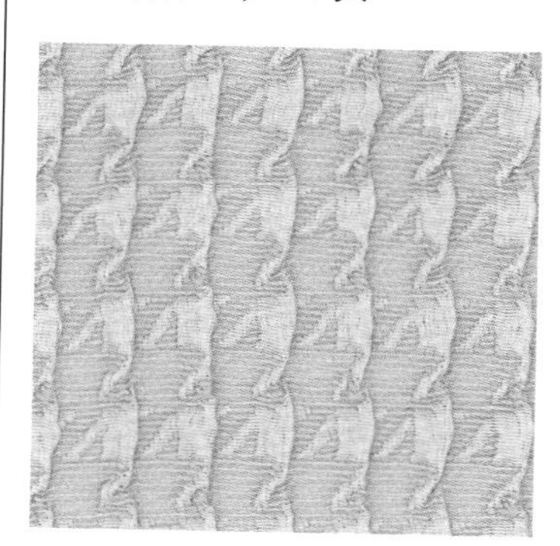

纸样变化

前后衣身下摆进行四角形制图。以20厘米作高画图，考虑到下摆的缝制整理所以不宜为锐角。

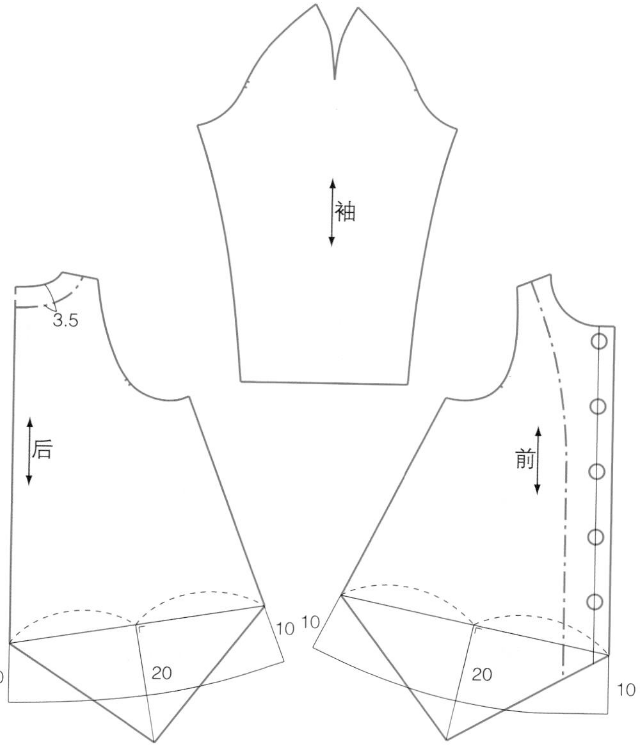

应用 2

Style 6 ＊ 喇叭式大衣

船形领配以腰部抽褶的设计。

如何制作 ⇨ 72页

纸样变化

从衣身到袖片绘制船形领的拼接布纸样；前后拼接布通过衣身和袖山合并绘制完成；单独绘制贴布和衣带。

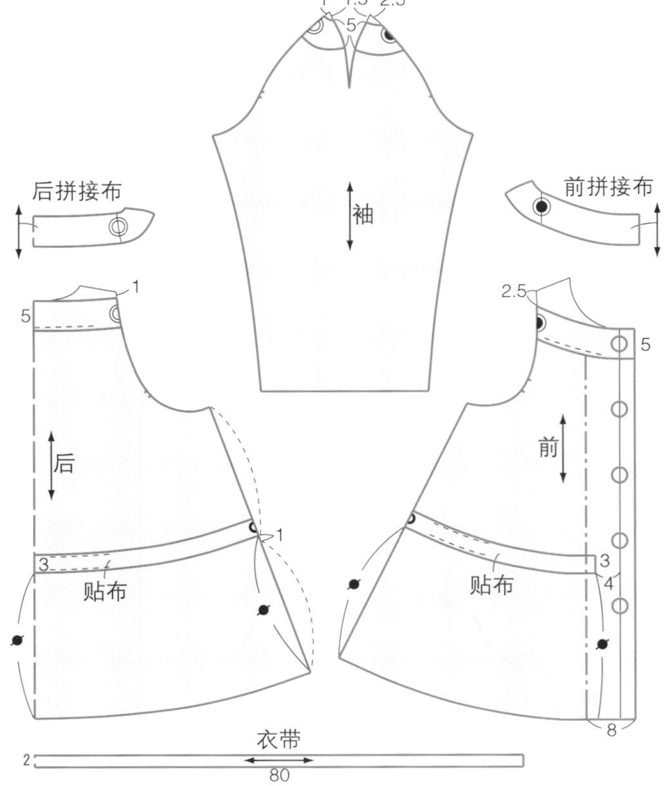

应用 3

Style 6 * 喇叭式大衣

从前端直接裁剪出领子造型的设计，因为能看到夹里所以要考虑好面料的选择。

如何制作 ⇨ 74 页

纸样变化

从前中心水平追加领子的量。量取后领围弧长，相同的尺寸从前领围的肩线处垂直延长绘制完成。

如何制作

实物等大纸样的使用方法和作品的制作方法

通过效果图介绍了6个基本款上衣和其应用变化款，并附有6款基本上衣的S/M/ML/L的等大纸样。

实物等大纸样的使用方法

1. 设计选择

从6种风格的服装效果图中选择想要制作的上衣款式。

2. 纸样拷贝

选择基础款上衣时：

从实物等大纸样的S/M/ML/L中选择自己需要的尺寸，并用牛皮纸或是其他纸张进行拷贝。此时不要忘记拷贝贴边线和对位记号。

3. 纸样变化操作

选择基础款之外的应用1、应用2、应用3时：

1 首先用纸张拷贝基本款实物等大纸样；

2 使用1中拷贝下来的线条，根据所选择的款式进行纸样变化。

纸样变化的方法在各款式的效果图旁边。

基本款纸样

——— 应用款纸样的变化线和完成线

为了不破坏各款式的平衡感，这时所使用的尺寸已不是核定尺寸，而是多使用等分线；

贴边线和对位记号在完成线上绘制；

衣长和袖长在纸样完成后，再进行下摆线、袖口线的平行加减。

4. 纸样完成

口袋和贴边在纸样重合时，分别用牛皮纸或是其他纸张拷贝；

需要省道闭合时，边闭合省道边拷贝；

另外闭合部分、前后肩线、侧缝等各个纸样的净缝线闭合，连接修正完成纸样。

面料和裁剪图

面料是根据实际面料的制作，以常见面料的门幅（110厘米宽）进行估算的；

根据款式和纸样的不同也可能需要门幅的面料；

裁剪图是根据M尺寸来进行排料的；

由于纸样尺寸和面料门幅的不同，也有可能需要修改衣长和袖长。

实物大纸样正面

Style 1
箱式夹克衫
基本

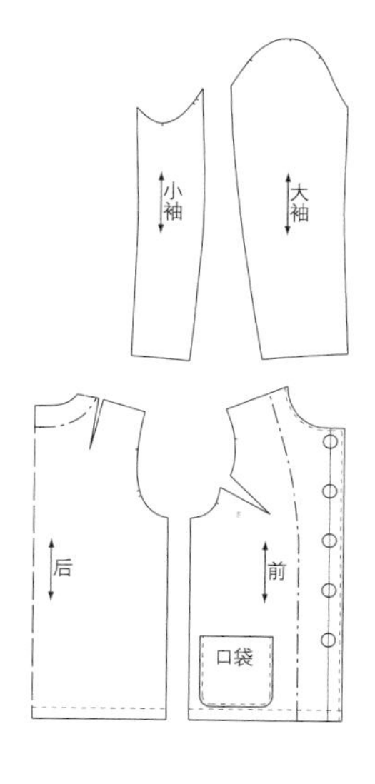

Style 2
箱式大衣
基本

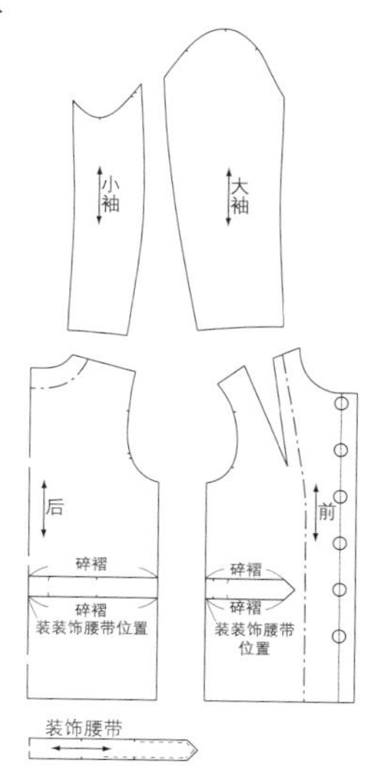

Style 5
披肩
基本

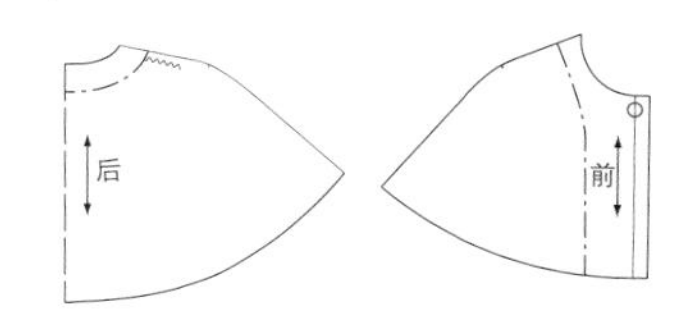

实物大纸样反面

Style 3
马甲
基本

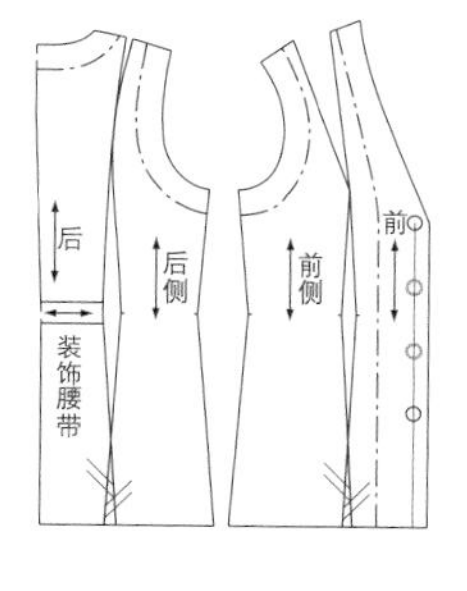

Style 4
刀背缝夹克衫
基本

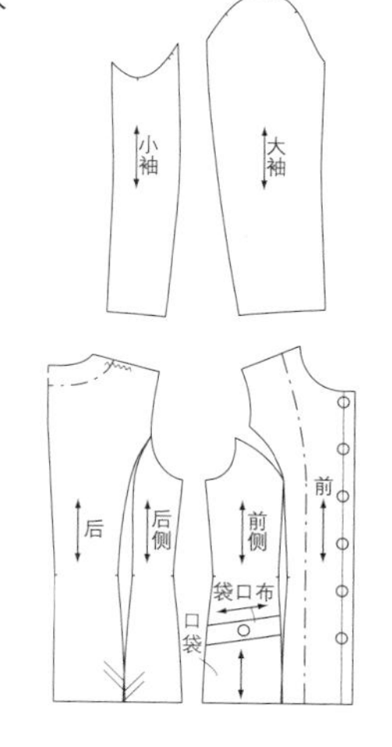

Style 6
喇叭式大衣
基本

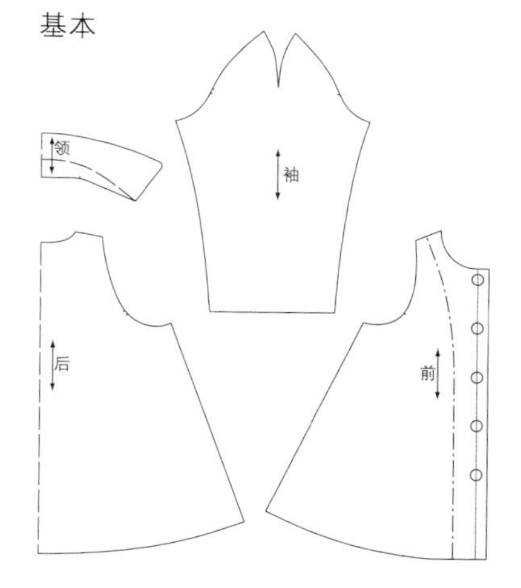

尺寸表（净尺寸）

（单位：cm）

部位名称 \ 尺寸	S	M	ML	L
身高	156	160	164	168
胸围	79	83	87	91
腰围	60	64	68	72
臀围	86	90	94	98

Style 1
箱式夹克衫

● **必要的纸样（正面）**

后片、前片、小袖、大袖、挂面、后领围贴边、口袋。

● **材料**

面料：宽110厘米，长210厘米（S/M）、230厘米（ML/L）；

粘合衬：宽90厘米，长60厘米；

纽扣：直径2厘米，5粒。

● **准备**

挂面、后领围贴边、袖口、口袋贴粘合衬；前后衣身的侧缝、袖片除袖山以外、袋口的缝份拷边。

● **缝制步骤**

1 制作口袋并缝制于衣身上；
2 前衣身收省，省道向上倒；
3 后衣身收省，省道向中心侧倒（肩缝拷边）；
4 前后肩线缝合，缝份分开缝；
5 挂面和后领围贴边的肩线缝合，缝份分开缝（挂面和后领围贴边里侧拷边）；
6 衣身和贴边正面对合，缝制领围贴边、前端、前端下摆；
7 翻至正面整理，在前端和领围车辑明线；
8 侧缝缝合，缝份分开缝（衣身下摆拷边）；
9 下摆折烫车辑明线；
10 小袖和大袖缝合，缝份分开缝；
11 袖口折烫车辑明线；
12 装袖（缝份两片一起拷边）；
13 前中心锁纽眼钉纽扣。

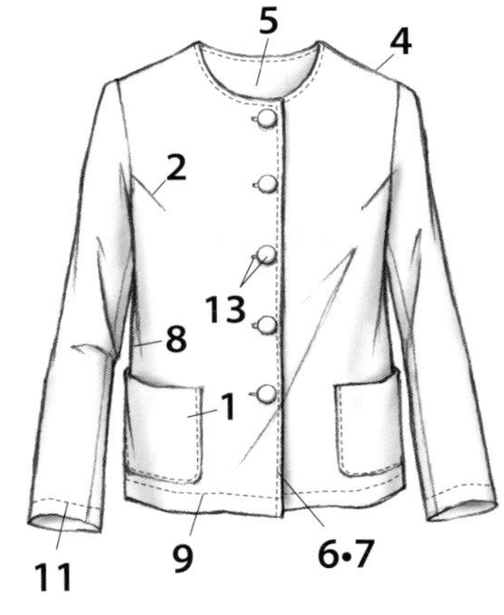

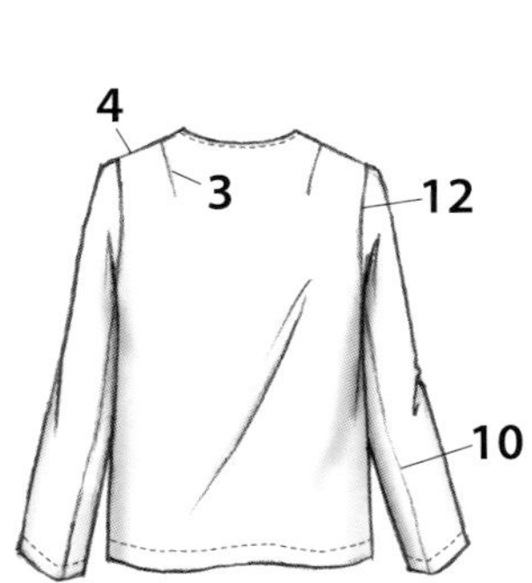

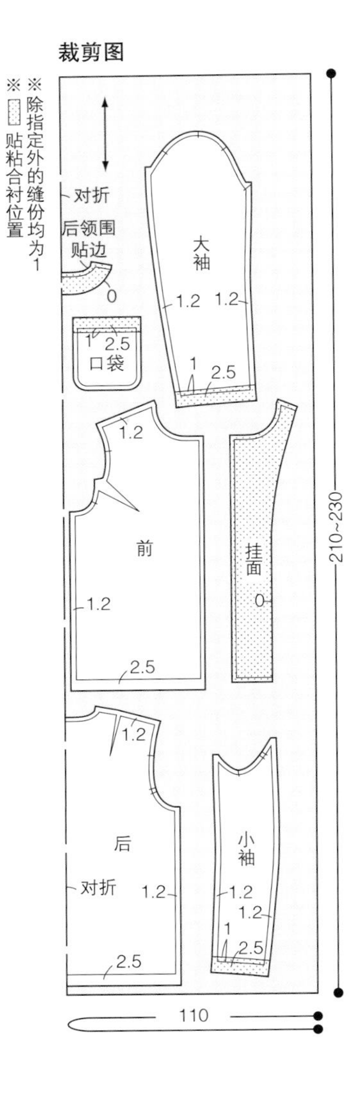

注：本书所有裁剪图所示尺寸单位均为厘米。

6,7 领围的缝制方法

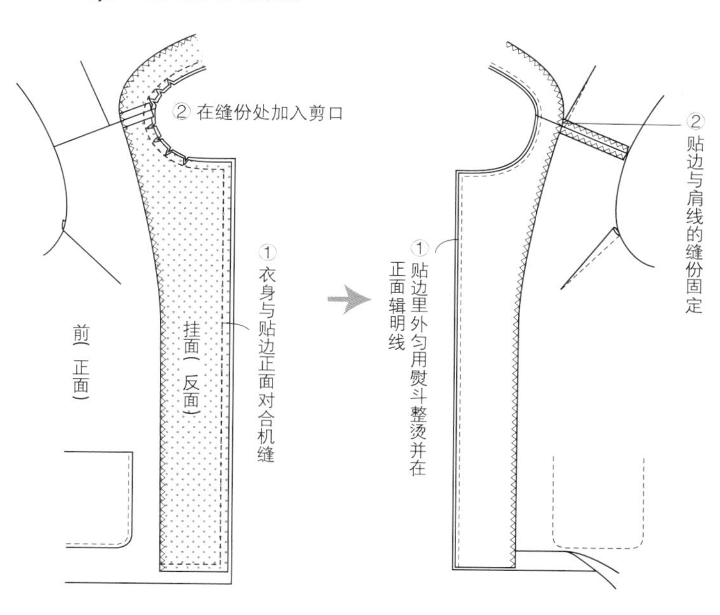

10~12 袖子的制作方法及装袖方法

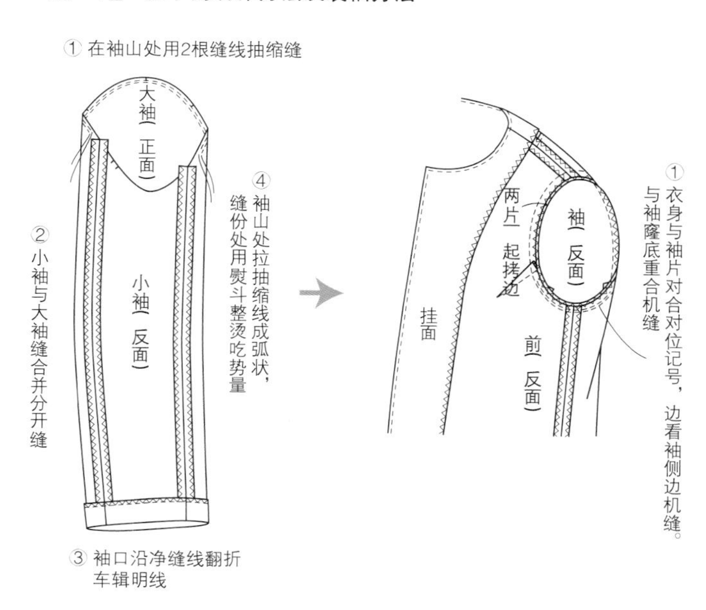

Style 1
箱式夹克衫

7页

● **必要的纸样(正面)**

后片、前片、小袖、大袖、前侧、育克、前门襟、前贴边、后贴边、口袋。

● **材料**

面料：宽110厘米，长240厘米(S/M)、260厘米(ML/L)；

粘合衬：宽90厘米，长60厘米；

纽扣：直径2厘米，5粒。

● **准备**

前门襟、前后贴边、袖口、口袋贴粘合衬；前后衣身的肩线、后衣身的侧缝、袖片除袖山以外、袋口的缝份拷边。

● **缝制步骤**

1 制作口袋，前侧大针距固定；
2 前后衣身和侧缝缝合(缝份两片一起拷边)，缝份向前衣身侧倒(侧缝缝份拷边)；
3 后衣身和育克缝合(缝份两片一起拷边)，缝份向育克侧倒；
4 前后衣身肩线缝合，缝份分开缝；
5 前后贴边的肩线缝合，缝份分开缝(贴边里侧拷边)；
6 侧缝缝合，缝份分开缝(衣身下摆拷边)；
7 下摆用熨斗折烫；
8 前门襟和衣身缝合，缝份向前门襟侧倒；
9 衣身和贴边正面对合，缝合领围。缝合前门襟的下摆；
10 翻至正面整理，前门襟和下摆缲缝；
11 小袖和大袖缝合，缝份分开缝；
12 袖口折烫缲缝；
13 装袖(缝份两片一起拷边)；
14 前中心锁纽眼钉纽扣。

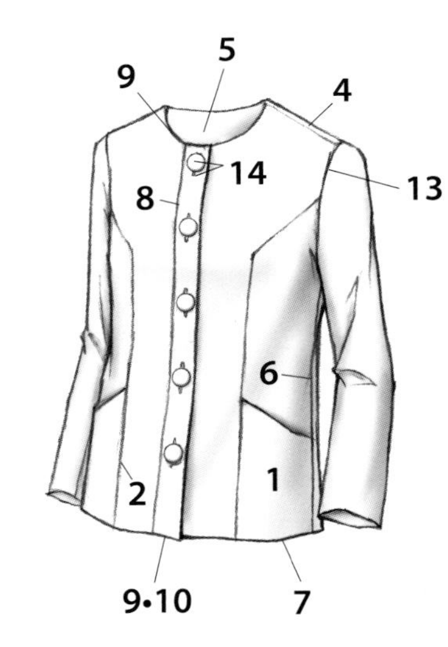

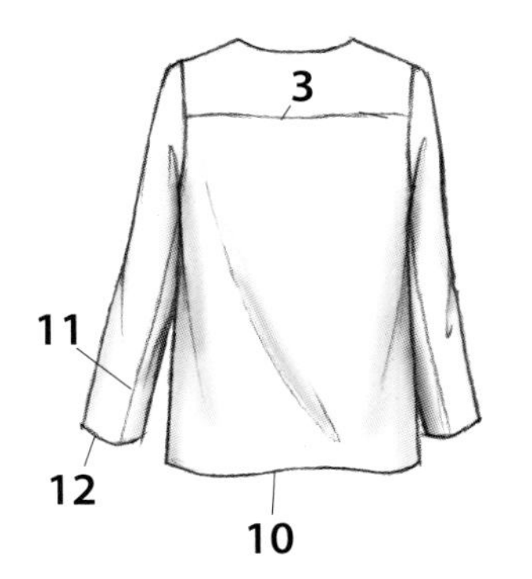

裁剪图

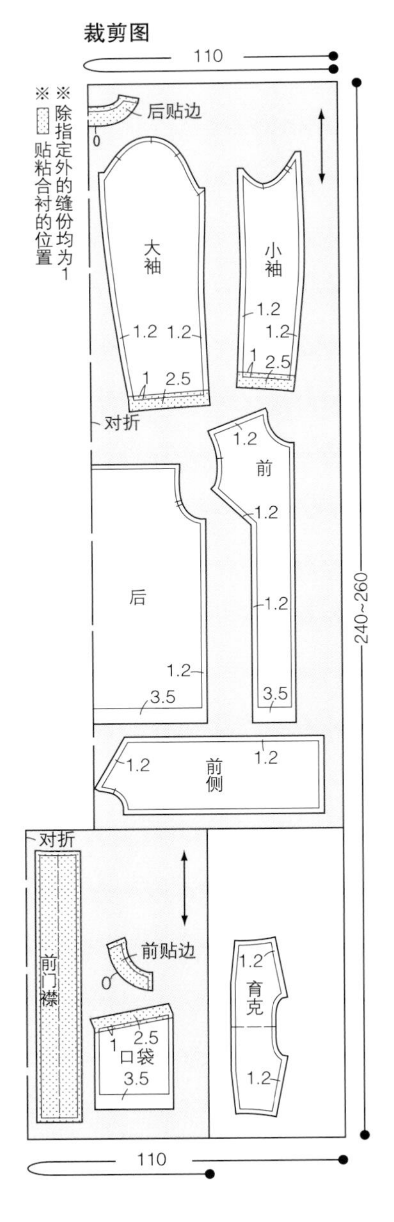

1,2 衣身和口袋的缝制方法

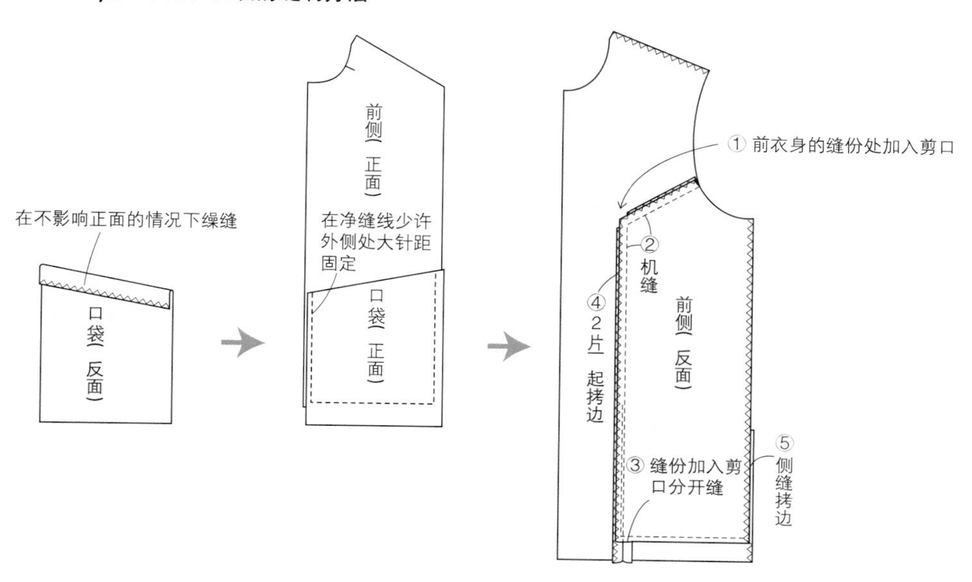

8,9 装前门襟贴边的方法

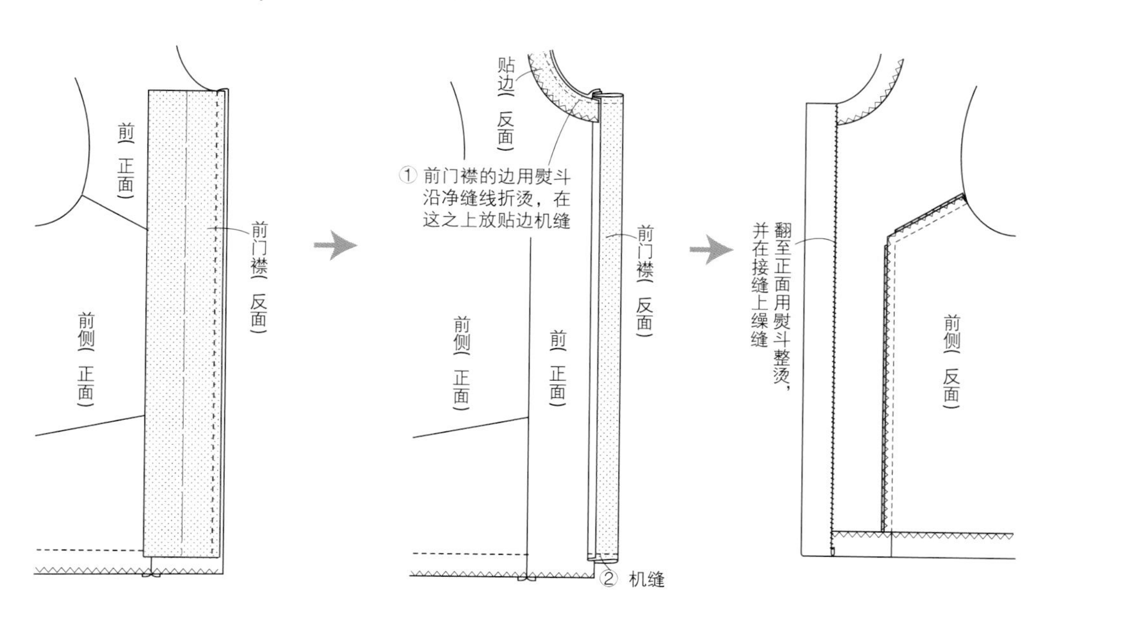

Style 1
箱式夹克衫

8页

● **必要的纸样（正面）**

后片、前片、小袖、大袖、前领围拼接布、后领围拼接布、前贴边、后贴边、后袖窿拼接布、前袖窿拼接布、大袖口拼接布、小袖口拼接布。

● **材料**

面料：宽110厘米，长210厘米（S/M）、230厘米（ML/L）；

配料：宽110厘米，长45厘米；

粘合衬：宽90厘米，长60厘米；

纽扣：直径2厘米，6粒。

● **准备**

前后贴边、袖口贴粘合衬。

● **缝制步骤**

1 前衣身收省，省道向上倒；

2 后衣身收省，省道向中心侧倒（肩缝拷边）；

3 在前后衣身处缝制袖窿拼接布；

4 在前后衣身处缝制领围拼接布（前后衣身的肩线、侧缝、前衣身的贴边里侧拷边）；

5 前后贴边的肩线缝合，缝份分开缝，贴边里侧用熨斗沿净缝线折烫；

6 衣身和贴边正面对合，缝制领围贴边，缝合挂面下摆；

7 翻至正面整理，领围贴边和拼接布的接缝处缲缝；

8 侧缝缝合，缝份分开缝；

9 衣身下摆拷边，下摆折烫并缲缝；

10 小袖大袖的袖口拼接布缝制方法与步骤3相同（在边角的缝份处加入剪口），袖山以外拷边；

11 小袖和大袖缝合，缝份分开缝；

12 袖口折烫缲缝；

13 装袖，缝份两片一起拷边；

14 前中心锁纽眼钉纽扣。

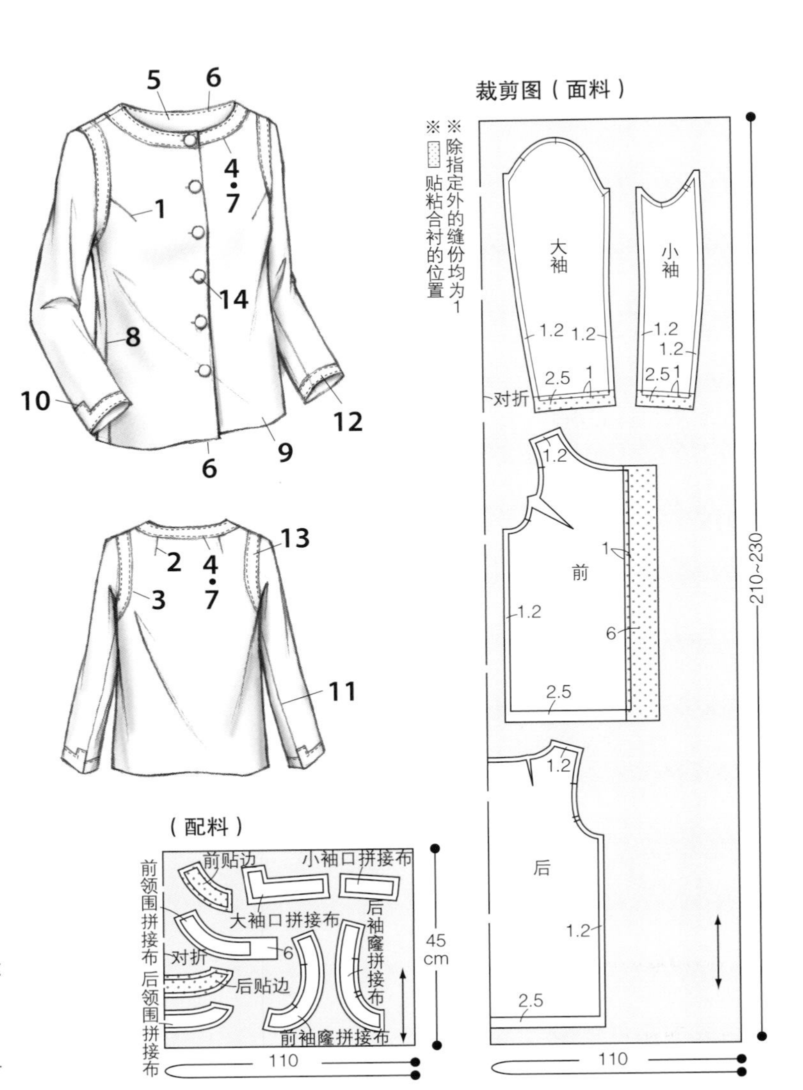

3 装袖窿拼接布的方法

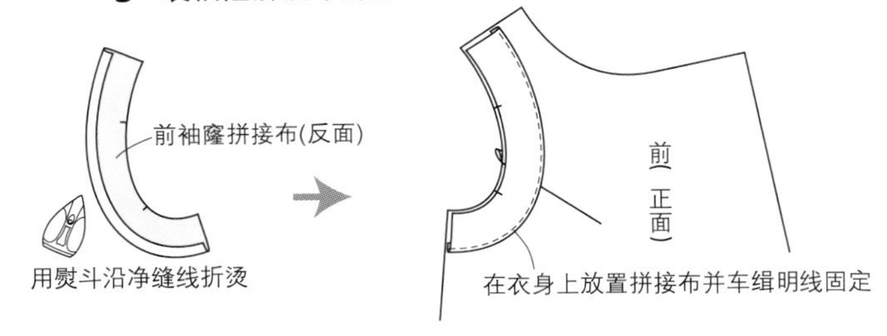

4 装领围拼接布的方法

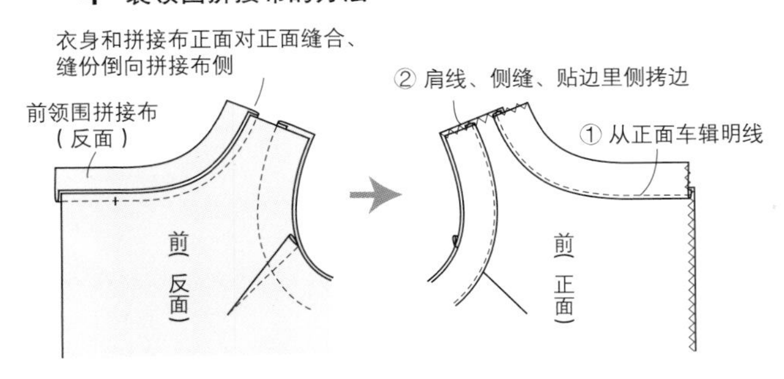

Style 1
箱式夹克衫

9页

● **必要的纸样（正面）**

后片、前片、小袖、大袖、后育克、前育克、后贴边、前贴边。

● **材料**

面料：宽110厘米，长210厘米（S/M）、230厘米（ML/L）；

粘合衬：宽90厘米，长50厘米；

纽扣：直径1.5厘米，2粒。

● **准备**

前后贴边、袖口贴粘合衬；

前后衣身的肩线、侧缝、袖片除袖山以外的缝份拷边。

● **缝制步骤**

1 后育克收省，省道向中心侧倒；
2 前后育克的肩线缝合，缝份分开缝；
3 前后贴边的肩线缝合，缝份分开缝。贴边里侧拷边；
4 育克和贴边正面对合，缝制领围贴边；
5 翻至正面整理；
6 前后育克侧缝缝合，缝份分开缝。下摆拷边；
7 前后衣身侧缝缝合，缝份分开缝。下摆拷边；
8 衣身上端密拷，用大针距沿净缝线抽碎褶；
9 衣身抽碎褶，放于育克上沿净缝线缝合，下摆折烫缲缝；
10 小袖和大袖缝合，缝份分开缝；
11 袖口折烫缲缝；
12 装袖，缝份两片一起拷边；
13 前中心锁纽眼钉纽扣。

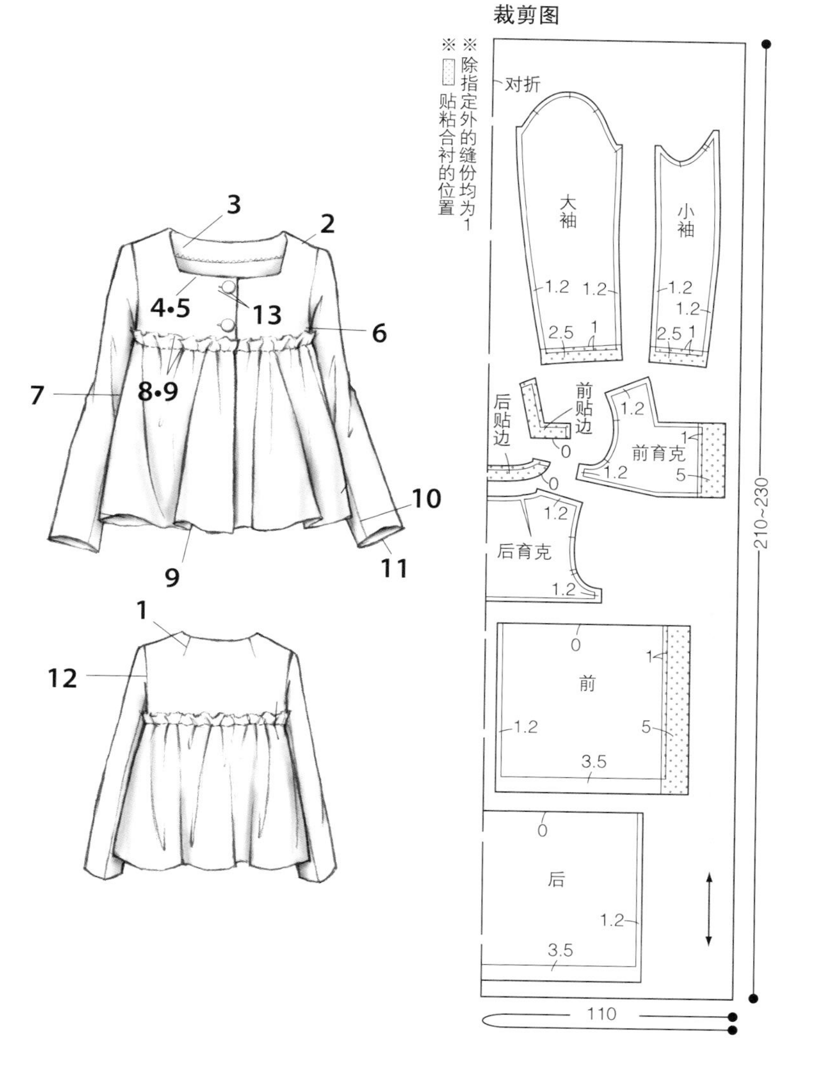

9 育克和衣身的缝合方法、贴边里侧和下摆缝制整理方法

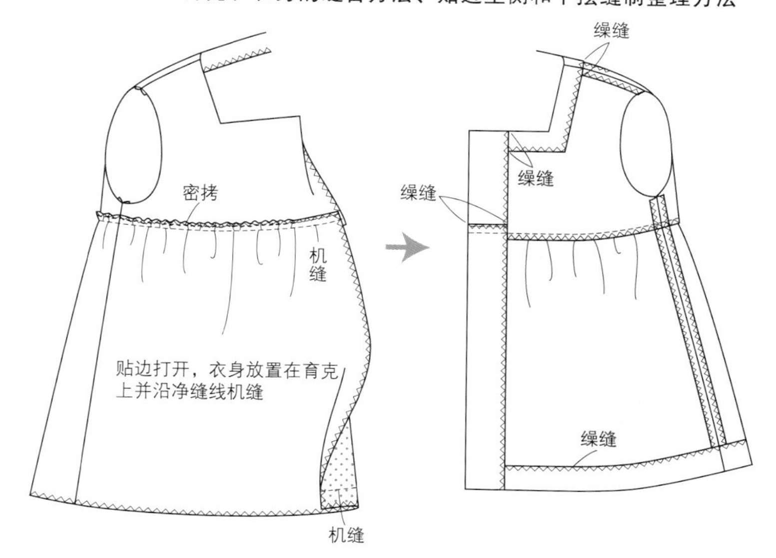

Style 2
箱式大衣

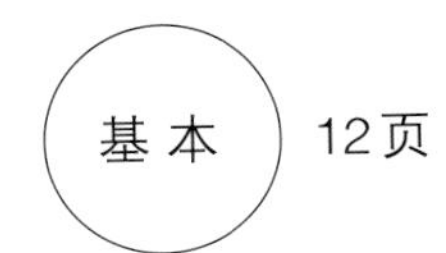

● **必要的纸样（正面）**

后片、前片、小袖、大袖、挂面、后领围贴边、装饰腰带。

● **材料**

面料：宽110厘米，长230厘米（S/M）、250厘米（ML/L）；

粘合衬：宽90厘米，长60厘米；

纽扣：直径2厘米，6粒。

● **准备**

挂面、后领围贴边、袖口、装饰腰带贴粘合衬；

后衣身的肩线、侧缝、前衣身的侧缝、袖片除袖山以外的缝份拷边。

● **缝制步骤**

1 前衣身收省、拷边，缝份往中心侧倒，肩缝拷边；

2 前后衣身侧缝缝合，缝份分开缝；

3 衣身下摆拷边；

4 装饰腰带沿净缝线折烫；

5 在衣身上缝制装饰腰带；

6 前后衣身的肩线缝合，缝份分开缝；

7 挂面和后领围贴边的肩线缝合，缝份分开缝，挂面和后领围贴边里侧拷边；

8 衣身和贴边正面对合，缝合挂面下摆、前端、领围；

9 翻折至正面，整理贴边里外匀；

10 下摆折烫缲缝；

11 小袖和大袖缝合，缝份分开缝；

12 袖口折烫缲缝；

13 装袖，缝份两片一起拷边；

14 前中心锁纽眼钉纽扣。

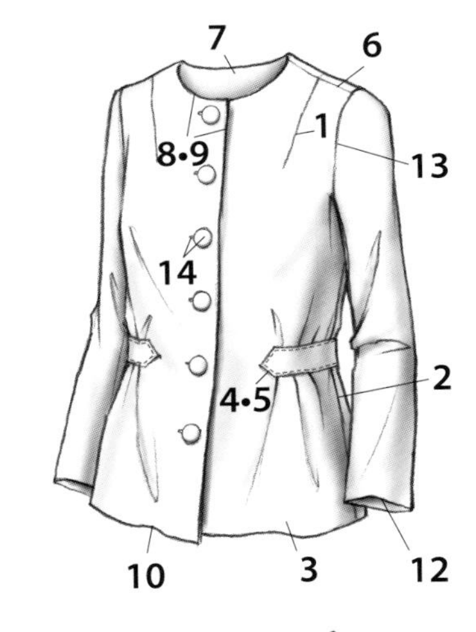

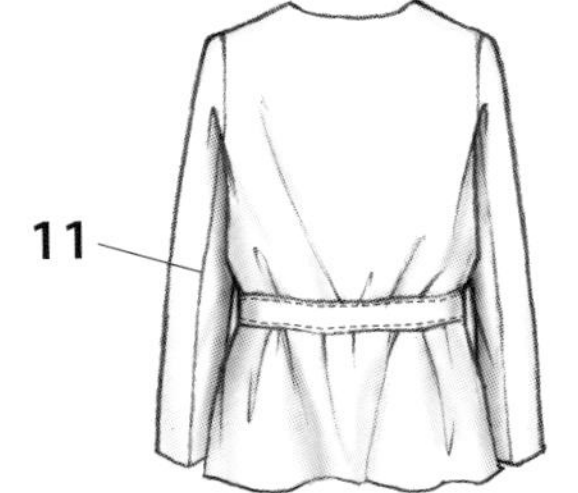

裁剪图

※除指定外的缝份均为1

※▒贴粘合衬的位置

对折 后领围贴边

0

小袖

大袖

1.2　1.2　1.2

2.5　1　2.5　1

前

1.2　1.2

装饰腰带 仅裁剪1片

1.2

3.5

后

1.2

挂面

0

1.2

3.5

230~250

110

4 装饰腰带的折烫方法

反面

折烫前端

折烫斜边

折烫上下边

5 装装饰腰带的方法

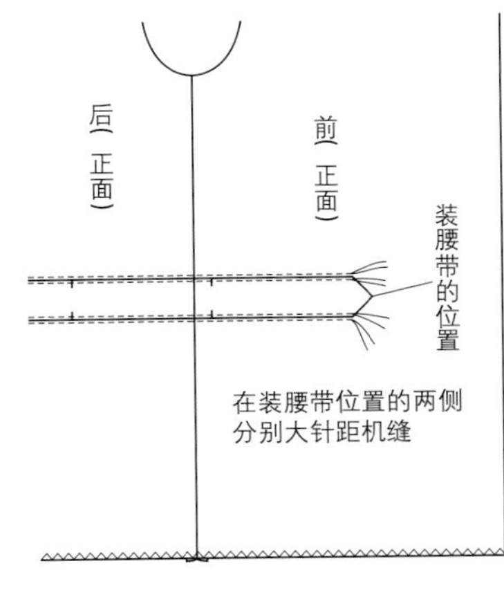

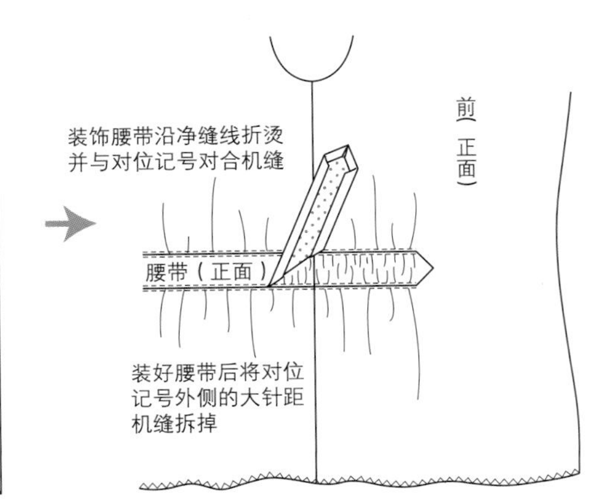

Style 2
箱式大衣

应用 **1** 13页

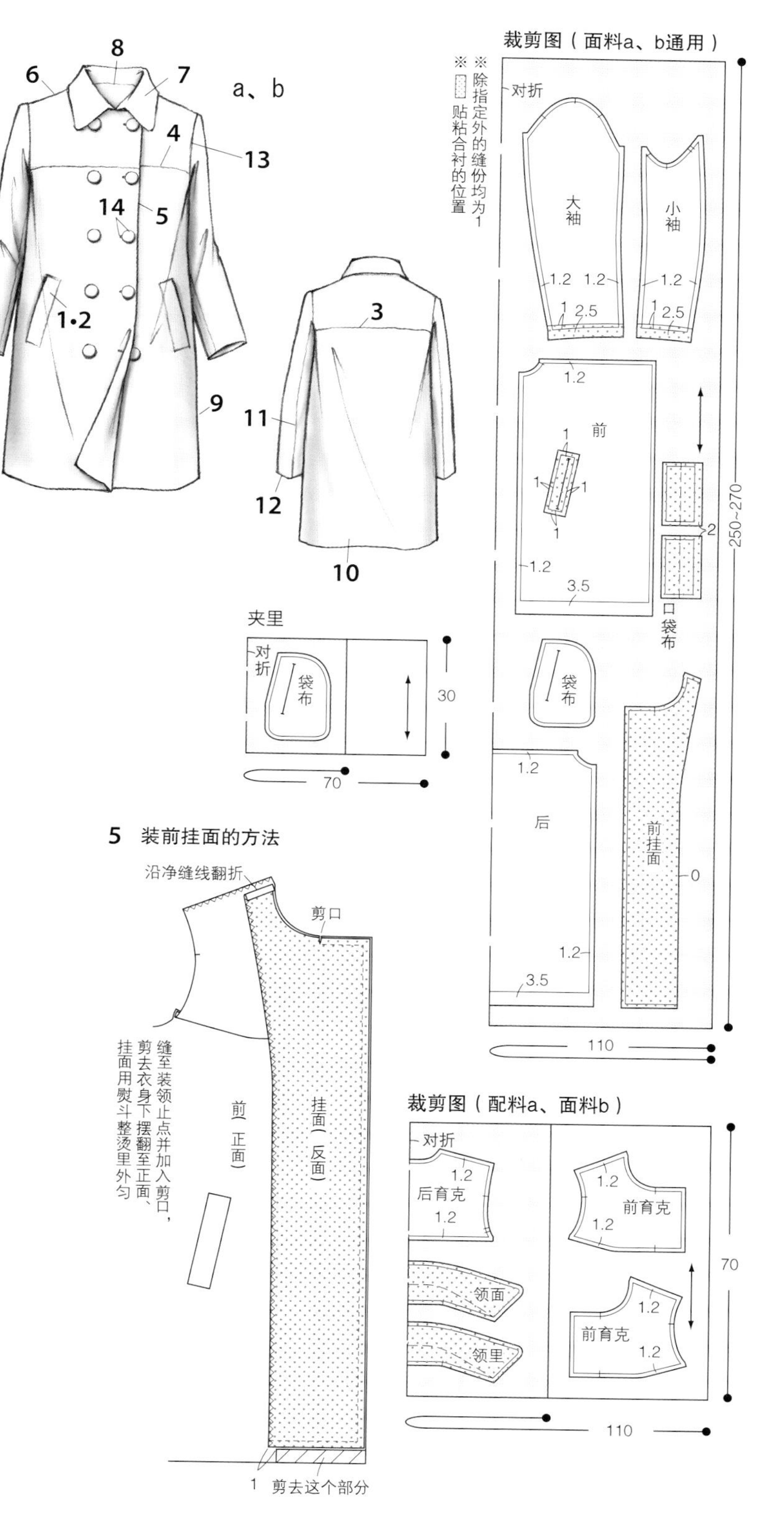

● **必要的纸样（正面a、b通用）**

后片、前片、大袖、小袖、挂面、领子、后育克、前育克、袋布、袋口布。

● **材料（a）**

面料：宽110厘米，长250厘米（S/M）、270厘米（ML/L）；

配料：宽110厘米，长70厘米。

● **材料（b）**

面料：宽110厘米，长320厘米（S/M）、340厘米（ML/L）。

● **材料（a、b通用）**

夹里：宽70厘米，长30厘米

粘合衬：宽90厘米，长120厘米；

纽扣：直径1.5厘米，10粒。

● **准备**

前衣身装口袋位置、挂面、领子、袖口、袋口布贴粘合衬；

前后衣身的肩缝、侧缝、袋口布2厘米处、袖片除袖山以外的缝份、挂面里侧拷边。

● **缝制步骤**

1 袋口布正面对折上下缝，翻至正面整理；
2 缝装口袋（参53页）；
3 后衣身与后育克缝合，缝份两片一起拷边，缝份向育克侧倒；
4 前衣身与前育克和后片的缝制方法相同；
5 前中心处缝制挂面；
6 前后衣身的肩线缝合，缝份分开缝；
7 做领子；
8 装领子（参51页）；
9 前后衣身侧缝缝合，缝份分开缝；
10 衣身下摆拷边，下摆折烫绦缝，贴边和袋布重叠的部分绦缝固定；
11 小袖和大袖缝合，缝份分开缝；
12 袖口折烫绦缝；
13 装袖，缝份两片一起拷边；
14 前中心锁纽眼钉纽扣。

Style 2
箱式大衣

14页

● **必要的纸样（正面）**

后片、前片、小袖、大袖、前门襟、领子、肩章、装饰布、装饰腰带。

● **材料**

面料：宽110厘米，长230厘米（S/M）、250厘米（ML/L）；

配料（人造皮革）：宽135厘米，长30厘米（S/M）、40厘米（ML/L）；

粘合衬：宽90厘米，长100厘米；

纽扣1：直径2厘米（门襟），5粒；

纽扣2：直径1.8厘米（肩章），2粒；

金属扣：2个。

● **准备**

前门襟、领子、袖口贴粘合衬；

前后衣身的侧缝、袖片除袖山以外的缝份拷边。

● **缝制步骤**

1 前后衣身侧缝缝合，缝份分开缝并拷边；
2 缝装装饰腰带；
3 前衣身收省，缝份分开缝并拷边；
4 装饰布与前衣身的缝份假缝固定；
5 装右前门襟；
6 左前门襟沿净缝线翻折，和左衣身正面对合缝制，缝份向门襟侧倒，正面对合缝至装领止点和缝合前门襟下摆；
7 下摆翻折缲缝；
8 前后衣身的肩线缝合，三片一起拷边。缝份向后侧倒；
9 做领子；
10 装领子，前门襟里侧缲缝；
11 小袖和大袖缝合，缝份分开缝；
12 袖口折烫缲缝；
13 缝制肩章，与衣身的肩线处假缝固定；
14 装袖，缝份两片一起拷边；
15 左前侧处钉纽扣；
16 肩章处缝制装饰纽扣，装饰布处缝装金属扣。

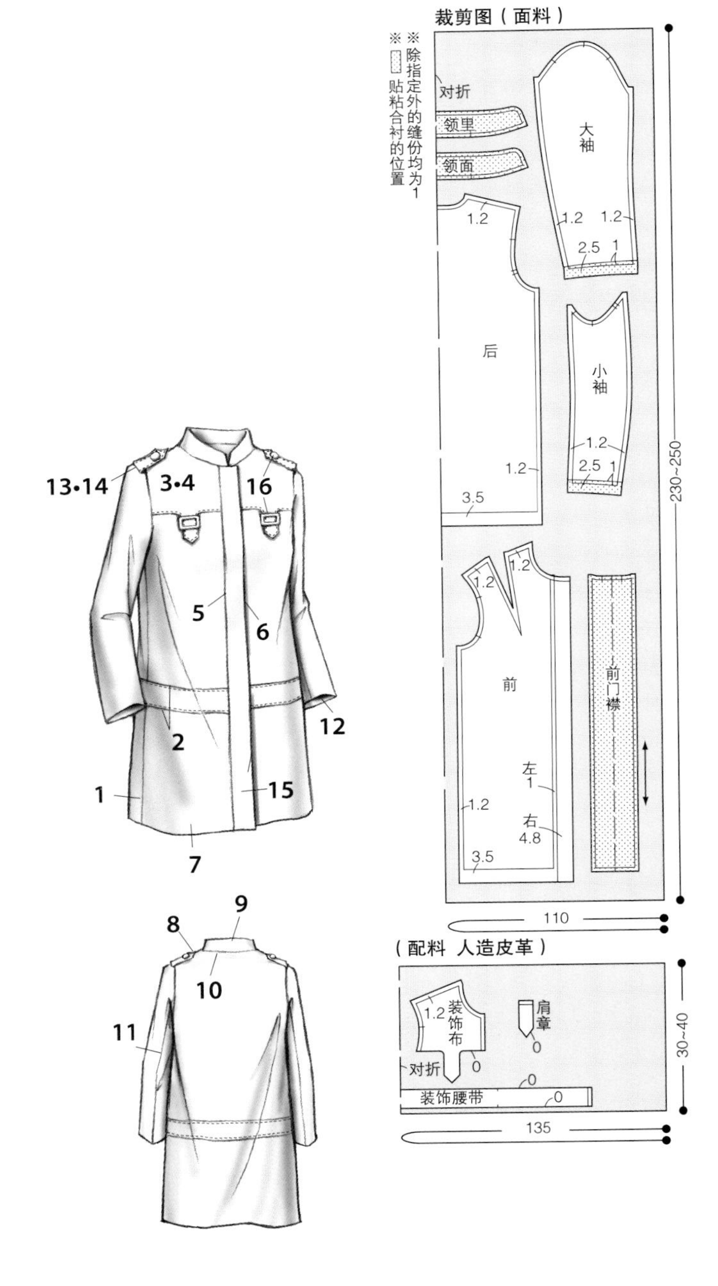

5 装右前门襟的方法

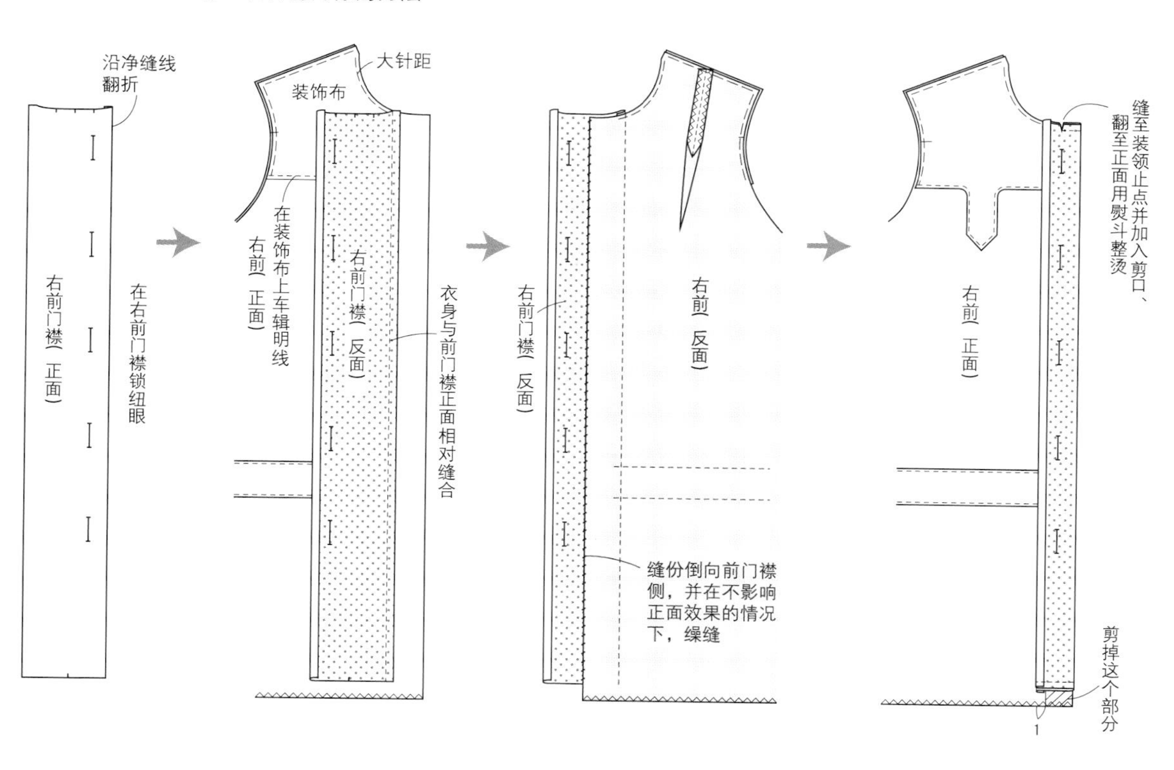

10 装领方法

Style 2
箱式大衣

15页

● **必要的纸样（正面）**

后片、前片、小袖、大袖、后领围贴边、挂面、袋口布、袋布、装饰袋盖。

● **材料**

面料：宽110厘米，长250厘米（S/M）、270厘米（ML/L）；
粘合衬：宽90厘米，长120厘米；
夹里：宽70厘米，长30厘米；
纽扣：直径1.5厘米，7粒。

● **准备**

前门襟装口袋位置、挂面、后领围贴边、装饰袋盖、袋口布、袖口贴粘合衬；
后衣身的肩线、侧缝、前衣身的侧缝、袋口布里缝侧、袖片（除袖山以外）的缝份拷边。

● **缝制步骤**

1 袋口布面和袋口布里正面对合缝制；
2 在前衣身缝装口袋；
3 和袋口布相同的方法缝制装饰袋盖；
4 袋盖夹在前衣身的省道处缝制省道，缝份拷边，缝份向中心侧倒，肩线拷边；
5 前后衣身肩缝缝合，缝份分开缝；
6 前后衣身侧缝缝合，缝份分开缝；
7 衣身下摆拷边；
8 挂面和后领围贴边的肩线缝合，缝份分开缝，挂面和后领围贴边里侧拷边；
9 衣身和贴边正面对合，缝合挂面下摆、前端、领围；
10 翻折至正面，整理贴边里外匀；
11 下摆翻折缲缝；
12 小袖和大袖缝合，缝份分开缝；
13 袖口折烫缲缝；
14 装袖，缝份两片一起拷边；
15 前中心锁纽眼钉纽扣，在装饰袋盖和袋口布上缝装装饰纽扣。

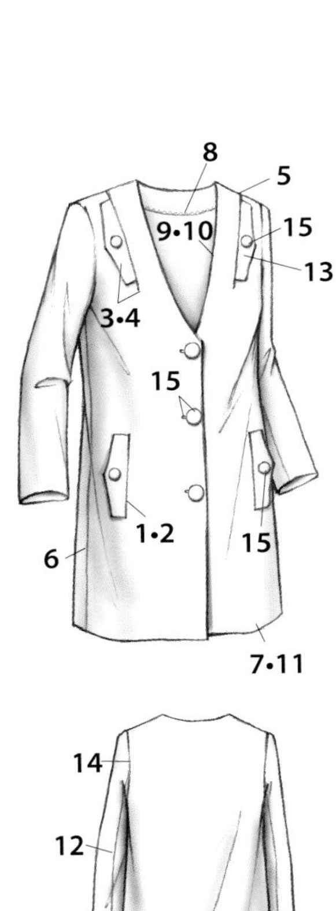

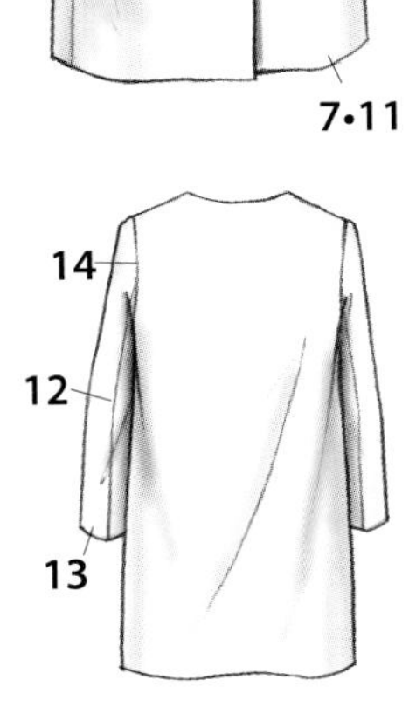

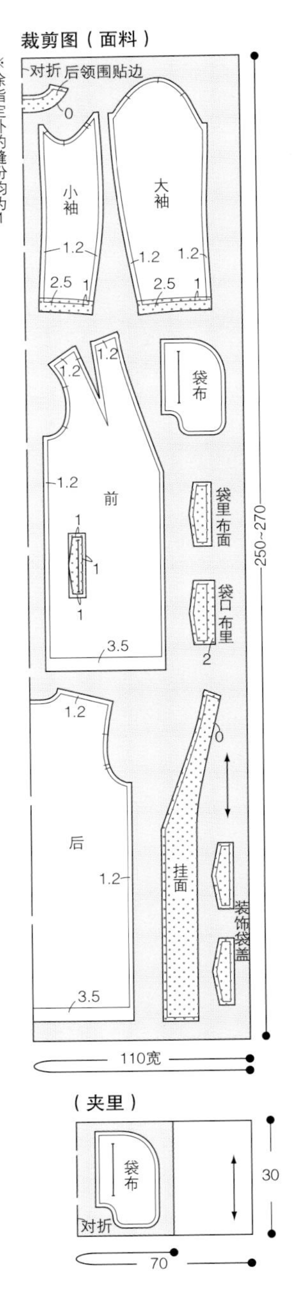

2 装口袋方法

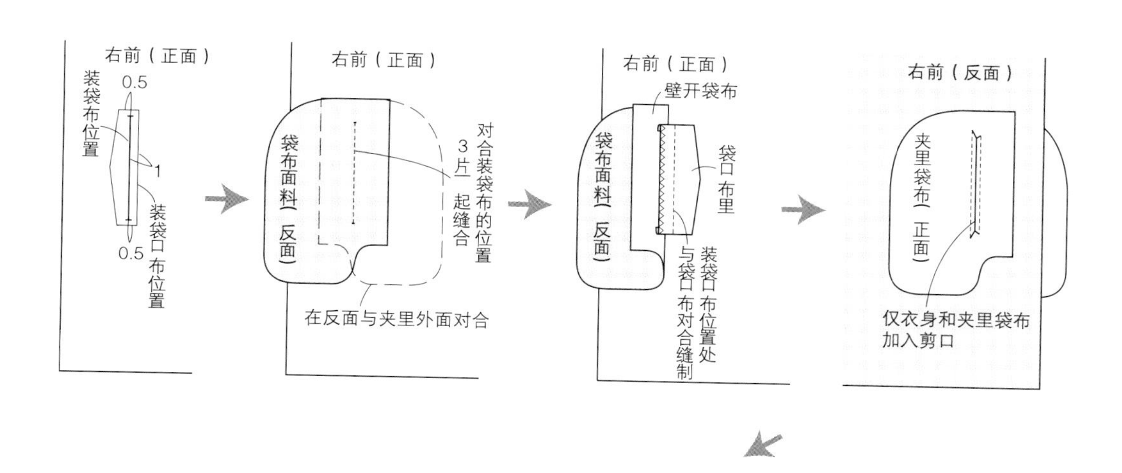

右前（正面）
装袋布位置
0.5
1
装袋口布位置
0.5
右前（正面）
袋布面料（反面）
对合装袋布的位置
3片一起缝合
在反面与夹里外面对合
右前（正面）
壁开袋布
袋布面料（反面）
袋口布里
与装袋口布位置处对合缝制
右前（反面）
夹里袋布（正面）
仅衣身和夹里袋布加入剪口

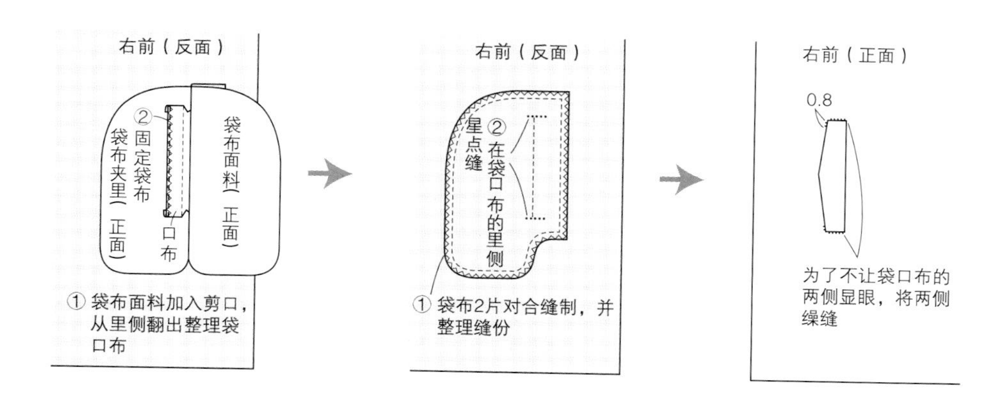

右前（反面）
②固定袋布
袋布夹里（正面）
口布
袋布面料（正面）
①袋布面料加入剪口，从里侧翻出整理袋口布
右前（反面）
星点缝
②在袋口布的里侧
①袋布2片对合缝制，并整理缝份
右前（正面）
0.8
为了不让袋口布的两侧显眼，将两侧缲缝

Style 3
马甲

18页

● **必要的纸样（正面）**

后片、前片、后侧、前侧、挂面、后领围贴边、前袖窿贴边、后袖窿贴边、装饰腰带。

● **材料**

面料：宽110厘米，长190厘米（S/M）、210厘米（ML/L）；

粘合衬：宽90厘米，长70厘米；

纽扣：直径2厘米，4粒。

● **准备**

挂面、后领围贴边、装饰腰带贴粘合衬；

后中心、前后衣身的侧缝缝份拷边。

● **缝制步骤**

1 制作装饰腰带；
2 后中心缝合，缝份分开缝，假缝固定装饰腰带；
3 腰带夹缝在后中心与后侧，缝份两片一起拷边，缝份向侧缝倒，肩线拷边；
4 前衣身和前侧缝合，缝份两片一起拷边，缝份向中心侧倒，肩线拷边；
5 前后衣身肩缝缝合，缝份分开缝；
6 挂面和后领围贴边的肩线缝合，缝份分开缝，挂面和后领围贴边里侧拷边；
7 衣身和贴边正面对合，缝合挂面下摆、前端、领围；
8 翻折至正面，整理贴边里外匀；
9 前后袖窿贴边的肩线缝合，缝份分开缝，贴边里侧拷边；
10 衣身和袖窿贴边正面对合，缝制袖窿；
11 翻折至正面，整理贴边里外匀；
12 衣身和袖窿贴边侧缝缝合，缝份分开缝，下摆拷边；
13 下摆翻折缲缝；
14 前中心锁纽眼钉纽扣。

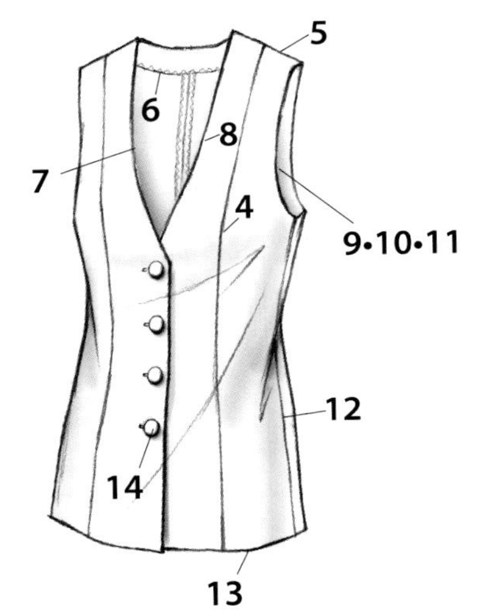

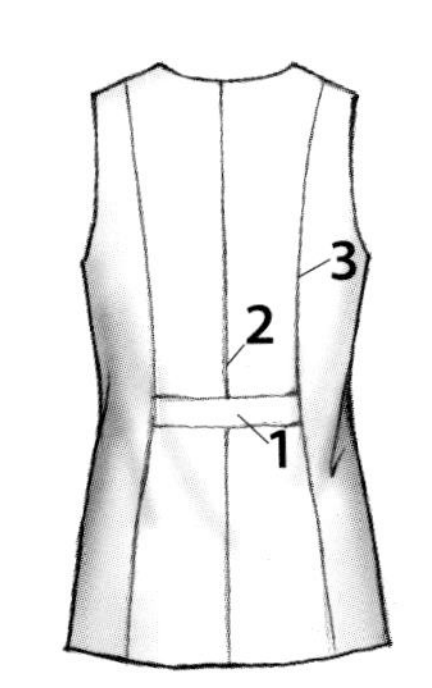

裁剪图

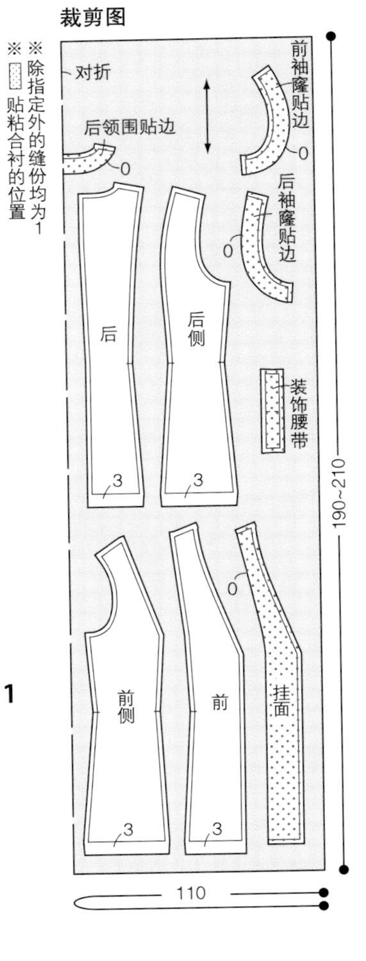

10~12 袖窿的缝制方法

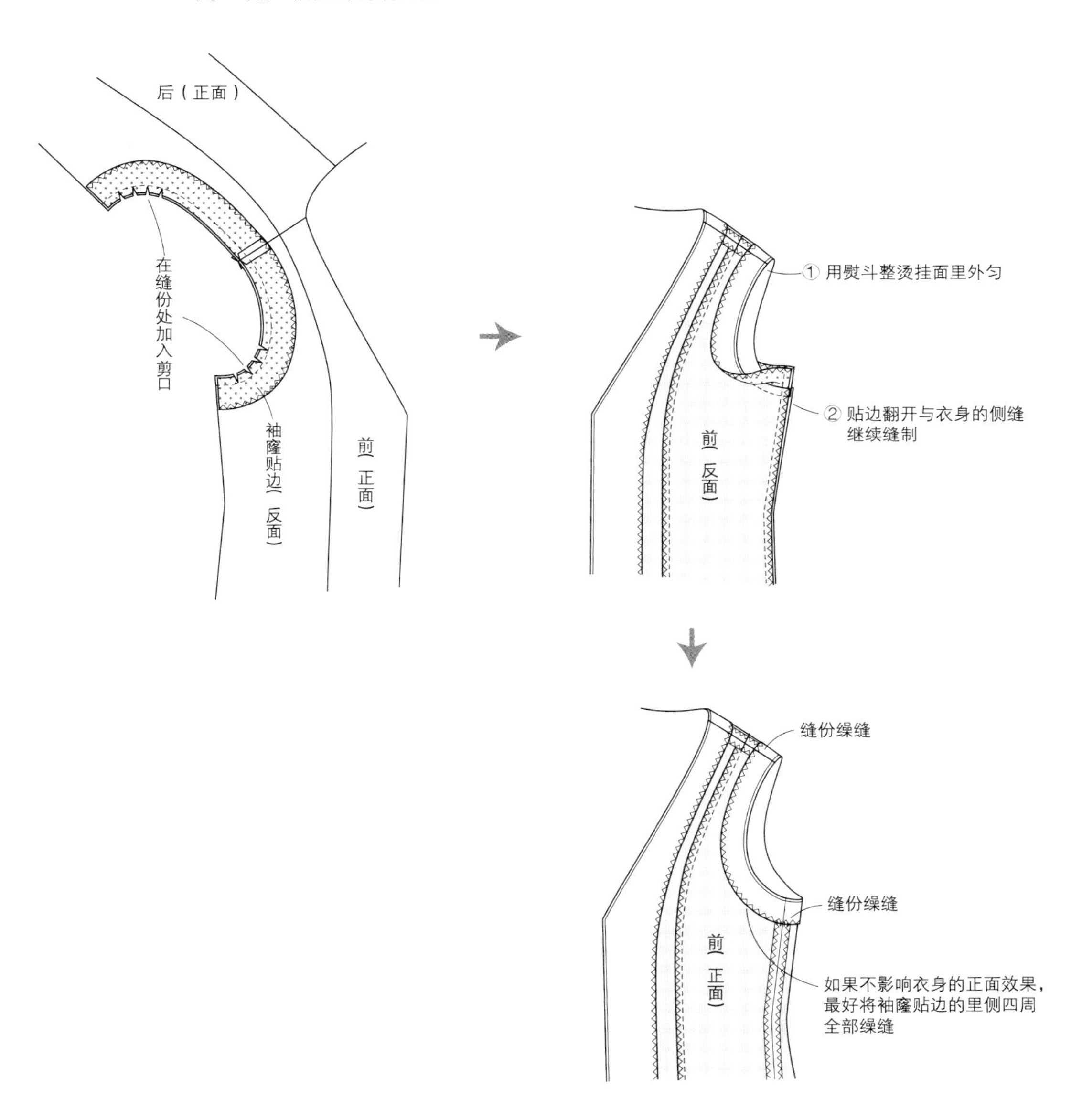

Style 3
马甲

19页

● **必要的纸样（正面）**

后片、前片、后侧、前侧、挂面、后领围贴边、前袖窿贴边、后袖窿贴边、装饰布。

● **材料**

面料：宽110厘米，长220厘米（S/M）、240厘米（ML/L）；

粘合衬：宽90厘米，长70厘米；

纽扣：直径1.5厘米，4粒。

● **准备**

挂面、后领围贴边贴粘合衬；

后中心、前后衣身的侧缝、前衣身的下摆缝份拷边。

● **缝制步骤**

1 装饰布的下摆缝制整理；
2 后衣身、后侧、装饰布缝合，整理缝份，肩线拷边；
3 后中心缝合，缝份分开缝，后衣身下摆拷边；
4 前衣身、前侧、装饰布缝合，整理缝份，肩线和前衣身下摆拷边；
5 前后衣身肩缝缝合，缝份分开缝；
6 挂面和后领围贴边的肩线缝合，缝份分开缝，挂面和后领围贴边里侧拷边；
7 衣身和贴边正面对合，缝合挂面下摆、前端、领围；
8 翻折至正面，整理贴边里外匀；
9 前后袖窿贴边的肩线缝合，缝份分开缝。贴边里侧拷边；
10 衣身和袖窿贴边正面对合，缝制袖窿；
11 翻折至正面、整理贴边里外匀；
12 衣身和袖窿贴边侧缝缝合，缝份分开缝，前后侧缝下摆拷边；
13 下摆翻折缲缝；
14 前中心锁纽眼钉纽扣。

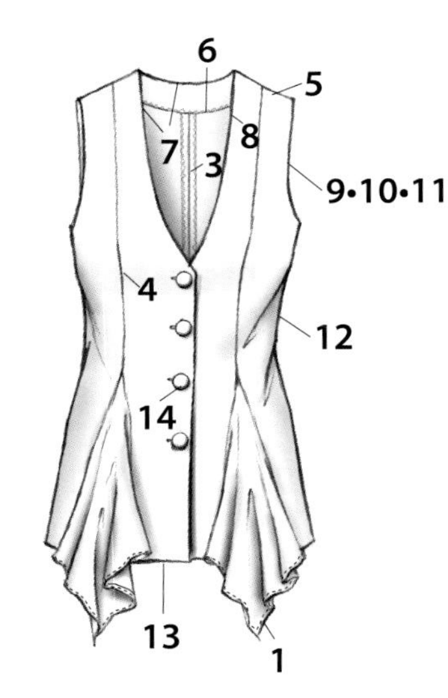

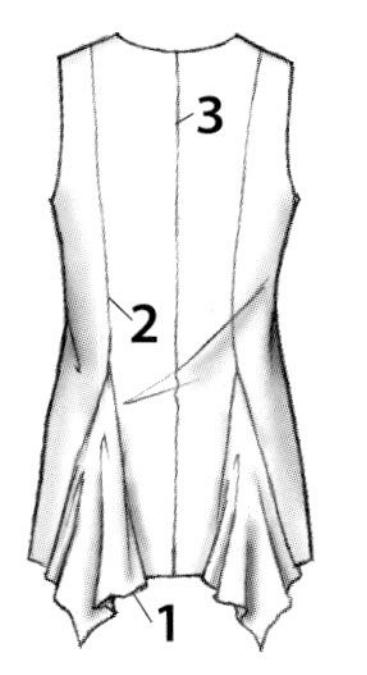

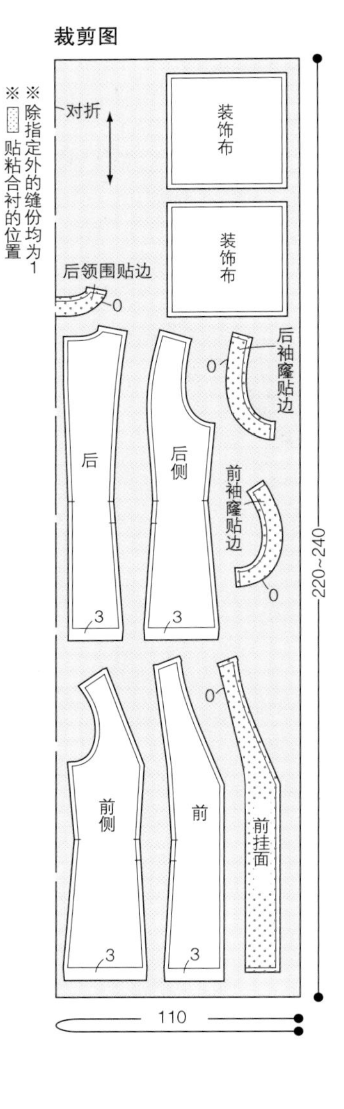

1,2 装饰布的缝制方法

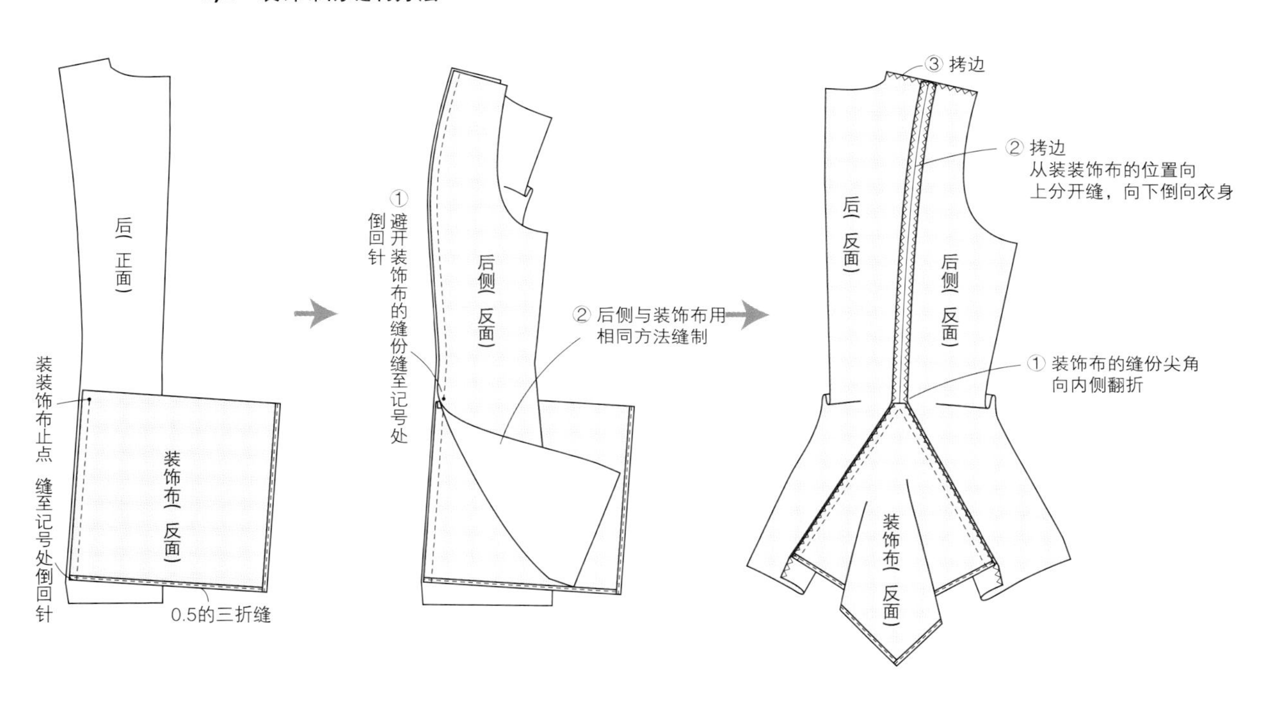

13 缝制整理下摆

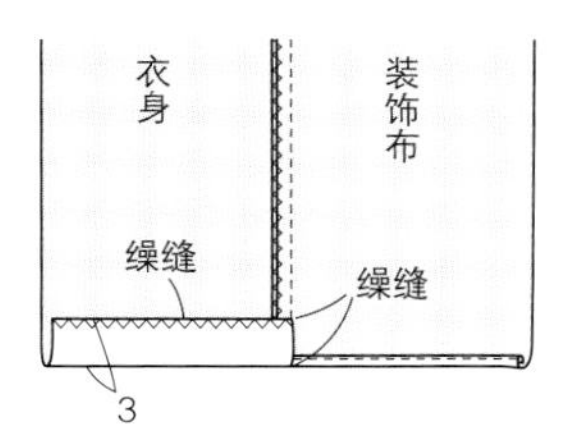

Style 3
马甲

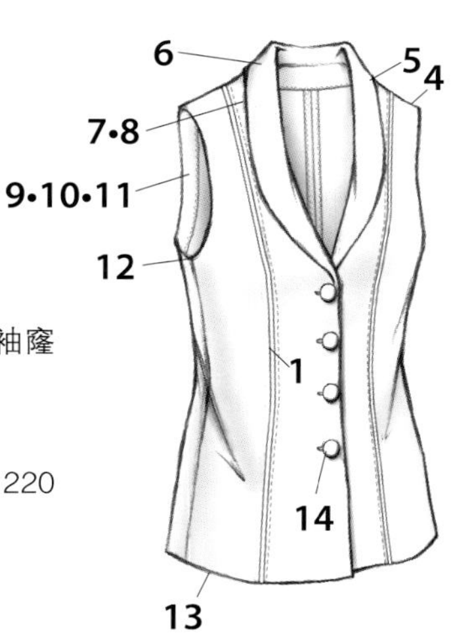

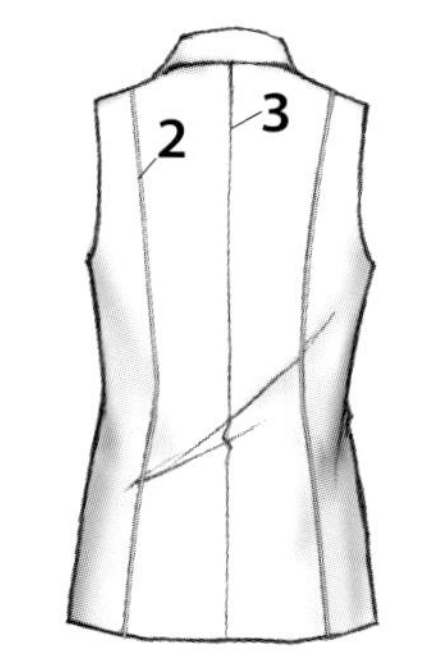

裁剪图

※除指定外的缝份均为1
※ ░ 贴粘合衬的位置

对折　领里　领面　后　后侧　后袖窿贴边　前袖窿贴边　前侧　前　挂面　0　3　200~220　110

● **必要的纸样（正面）**

后片、前片、后侧、前侧、挂面、领子、前袖窿贴边、后袖窿贴边。

● **材料**

面料：宽110厘米，长200厘米（S/M）、220厘米（ML/L）；
粘合衬：宽90厘米，长70厘米；
纽扣：直径2厘米，4粒；
镶边：宽0.3厘米，长120厘米。

● **准备**

领子、挂面贴粘合衬；
后中心、后衣身、后侧的分割线、前后衣身的侧缝缝份、挂面里侧拷边。

● **缝制步骤**

1 缝装镶边，肩线拷边；
2 后衣身和后侧缝合，缝份分开缝，肩线拷边；
3 后中心缝合，缝份分开缝；
4 前后衣身肩缝缝合，缝份分开缝；
5 衣身和领里正面对合缝制；
6 挂面和领面正面对合缝制；
7 衣身和贴边正面对合，缝合挂面下摆、前端、领外围；
8 翻折至正面，挂面和领里分别整理里外匀；
9 前后袖窿贴边的肩线缝合，缝份分开缝，贴边里侧拷边；
10 衣身和袖窿贴边正面对合，缝制袖窿；
11 翻折至正面，整理贴边里外匀；
12 衣身和袖窿贴边侧缝缝合，缝份分开缝，下摆拷边；
13 下摆翻折缲缝；
14 前中心锁纽眼钉纽扣。

1 装镶边的方法

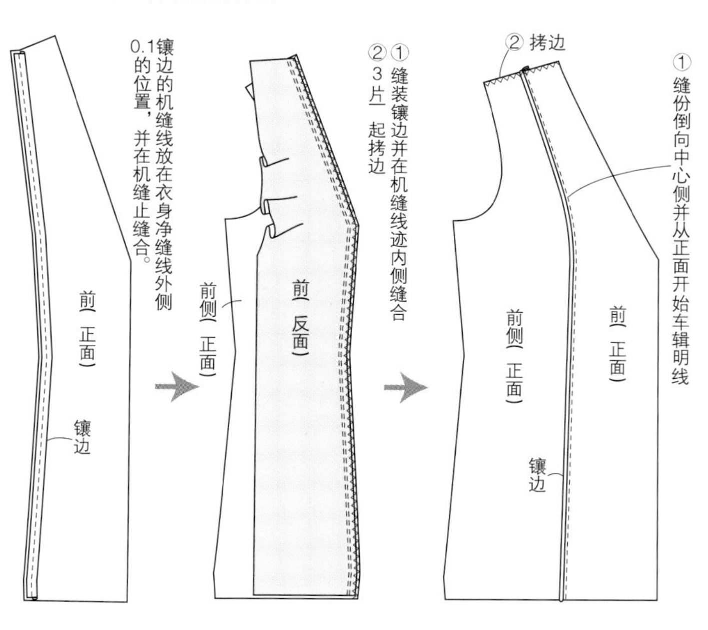

Style 3
马甲

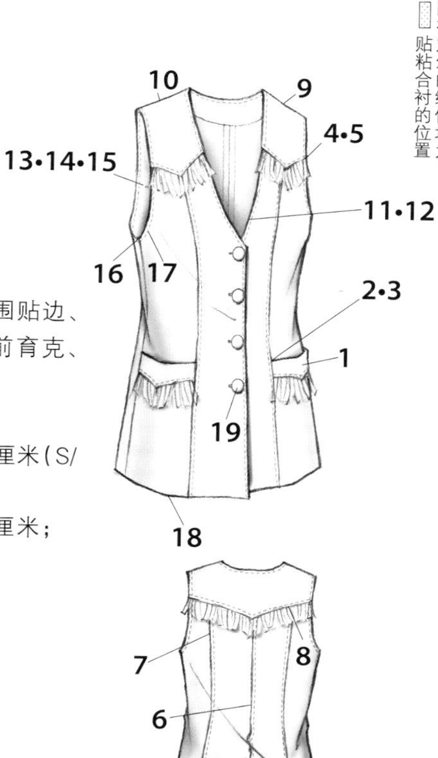

● **必要的纸样（反面）**

后片、前片、后侧、前侧、挂面、后领围贴边、前袖窿贴边、后袖窿贴边、后育克、前育克、口袋、袋口布。

● **材料**

面料（合成皮革）：宽135厘米，长150厘米（S/M）、170厘米（ML/L）；

配料（合成皮革）：宽135厘米，长30厘米；

粘合衬：宽90厘米，长70厘米；

纽扣：直径1.5厘米，4粒；

流苏带：宽5厘米，适量。

● **准备**

挂面、后领围贴边、袋口布贴粘合衬。

● **缝制步骤**

1 在口袋上缝装流苏和袋口布；
2 在前侧假缝固定口袋；
3 口袋夹缝在前衣身和前侧；
4 在前衣身上假缝固定流苏；
5 前衣身缝装前育克，缝份向育克侧倒，车辑明线；
6 后中心缝合，缝份向后中心侧倒，车辑明线；
7 后衣身和后侧缝合，缝份向中心侧倒，车辑明线，假缝固定流苏；
8 后衣身缝装后育克，缝份向育克侧倒，车辑明线；
9 前后衣身肩缝缝合，缝份分开缝；
10 前后领围贴边的肩线缝合，缝份分开缝；
11 衣身和贴边正面对合，缝合挂面下摆、前端、领围；
12 翻折至正面，挂面和领里分别整理里外匀，车辑明线；
13 前后袖窿贴边的肩线缝合，缝份分开缝；
14 衣身和袖窿贴边正面对合，缝制袖窿；
15 翻折至正面，整理贴边里外匀；
16 衣身和袖窿贴边侧缝缝合，缝份分开缝；
17 在袖窿上车辑明线；
18 下摆翻折缲缝；
19 前中心锁纽眼钉纽扣。

裁剪图（面料 合成皮革）

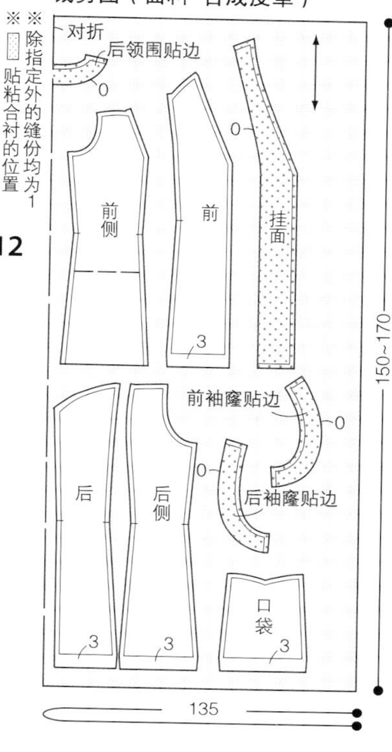

（配料 合成皮革）

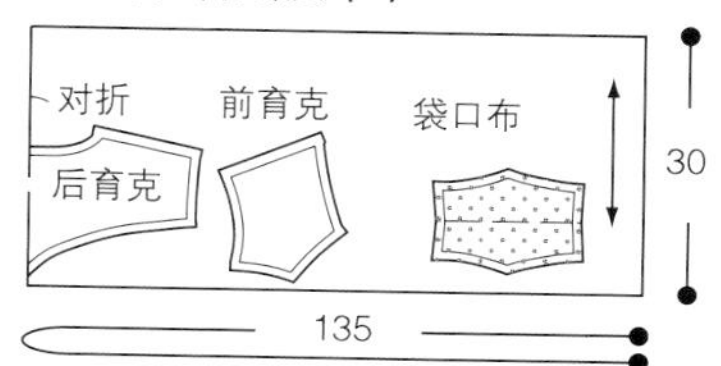

1 口袋的缝制方法

流苏装在口袋的缝份处

3 衣身和口袋的缝制方法

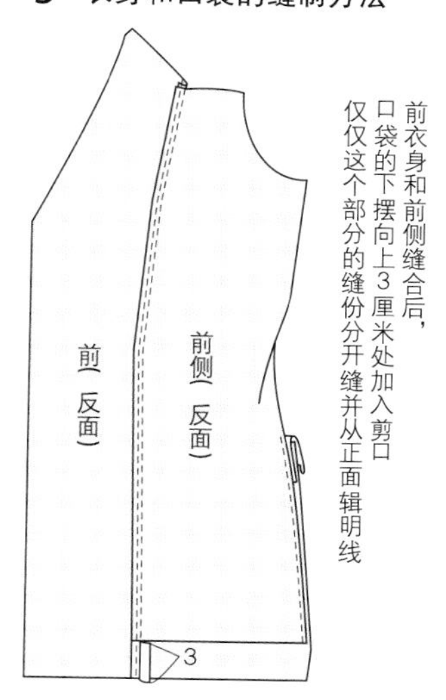

Style 4
刀背缝夹克衫

● **必要的纸样（正面）**

后片、前片、后侧、前侧、挂面、后领围贴边、大袖、小袖、口袋、袋布。

● **材料**

面料：宽110厘米，长220厘米（S/M）、240厘米（ML/L）；

粘合衬：宽90厘米，长60厘米；

纽扣1：直径2厘米，6粒（门襟）；

纽扣2：直径1.5厘米，2粒（袋口）。

● **准备**

挂面、后领围贴边、袖口、口布贴粘合衬；

后中心、前后衣身肩线、刀背缝、侧缝、袖片除袖山以外的缝份拷边。

● **缝制步骤**

1 缝制口袋前侧固定；
2 缝合前衣身和前侧的刀背缝，缝份分开缝；
3 后中心缝合，缝份分开缝；
4 缝合后衣身和后侧的刀背缝，缝份分开缝；
5 前后衣身的侧缝缝合，缝份分开缝，下摆拷边；
6 前后衣身的肩缝缝合，缝份分开缝；
7 挂面和后领围贴边的肩线缝合，缝份分开缝，挂面和后领围贴边里侧拷边；
8 衣身和贴边正面对合，缝合挂面下摆、前端、领围；
9 翻折至正面，整理贴边里外匀；
10 下摆翻折缲缝；
11 小袖和大袖缝合，缝份分开缝；
12 袖口折烫缲缝；
13 装袖，缝份两片一起拷边；
14 前中心锁纽眼钉纽扣，口布缝装装饰纽扣。

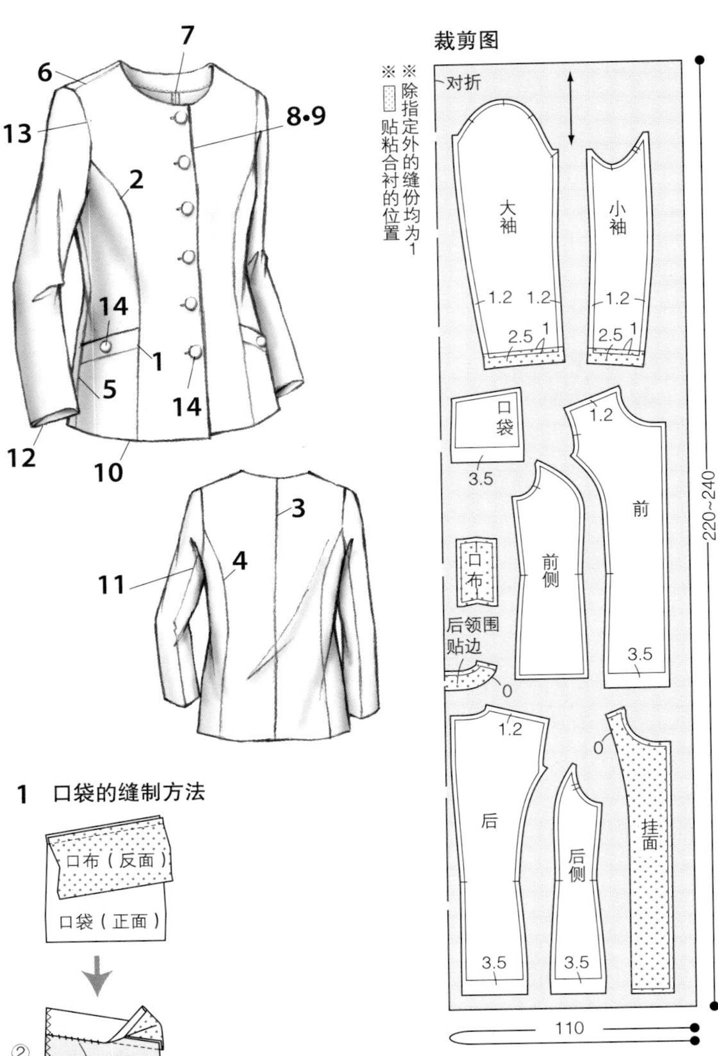

1 口袋的缝制方法

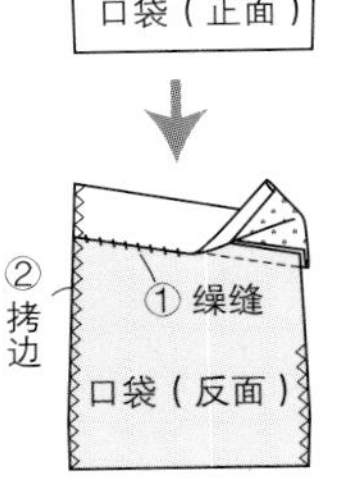

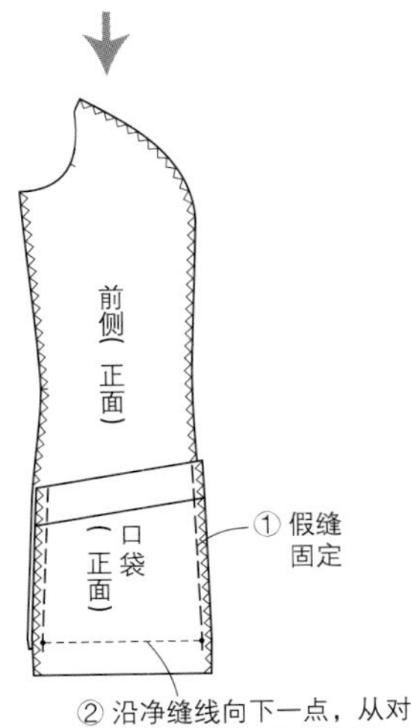

2 刀背缝的缝制方法

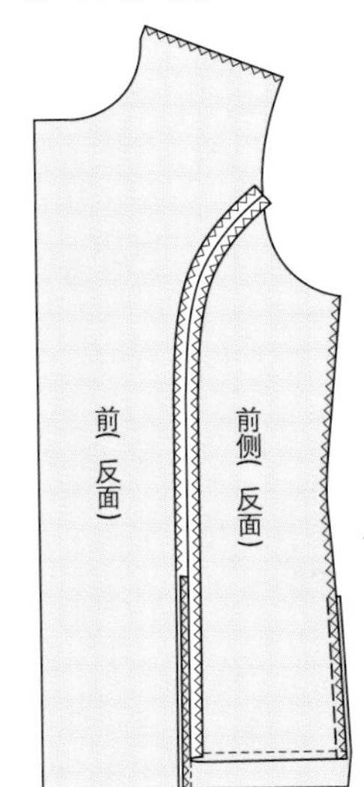

前片和前侧的缝份分开缝，但将口袋的假缝线拆掉，不分开缝往前侧倒。侧缝的缝制方法与之前相同

Style 4
刀背缝夹克衫

● **必要的纸样(反面)**

后片、前片、后侧、前侧、挂面、领子、大袖、小袖。

● **材料**

面料：宽110厘米，长250厘米(S/M)、270厘米(ML/L)；

粘合衬：宽90厘米，长60厘米；

纽扣：直径1.5厘米，3粒。

● **准备**

挂面、领子、袖口贴粘合衬；

后中心、前后衣身刀背缝、肩线、侧缝、挂面里侧、袖片除袖山以外的缝份拷边。

● **缝制步骤**

1 前后衣身刀背缝分别缝合，缝份分开缝；
2 后中心缝合，缝份分开缝；
3 前后衣身的肩缝缝合，缝份分开缝；
4 衣身和领里正面对合缝制；
5 挂面和领面正面对合缝制；
6 衣身和贴边正面对合，缝合挂面下摆、前端、领外围；
7 翻折至正面，挂面和领里分别整理里外匀，领面和后领围的拼接缝缲缝；
8 侧缝缝合，缝份分开缝，下摆拷边；
9 下摆翻折缲缝；
10 小袖和大袖缝合，缝份分开缝；
11 袖口折烫缲缝；
12 装袖，缝份两片一起拷边；
13 前中心锁纽眼钉纽扣。

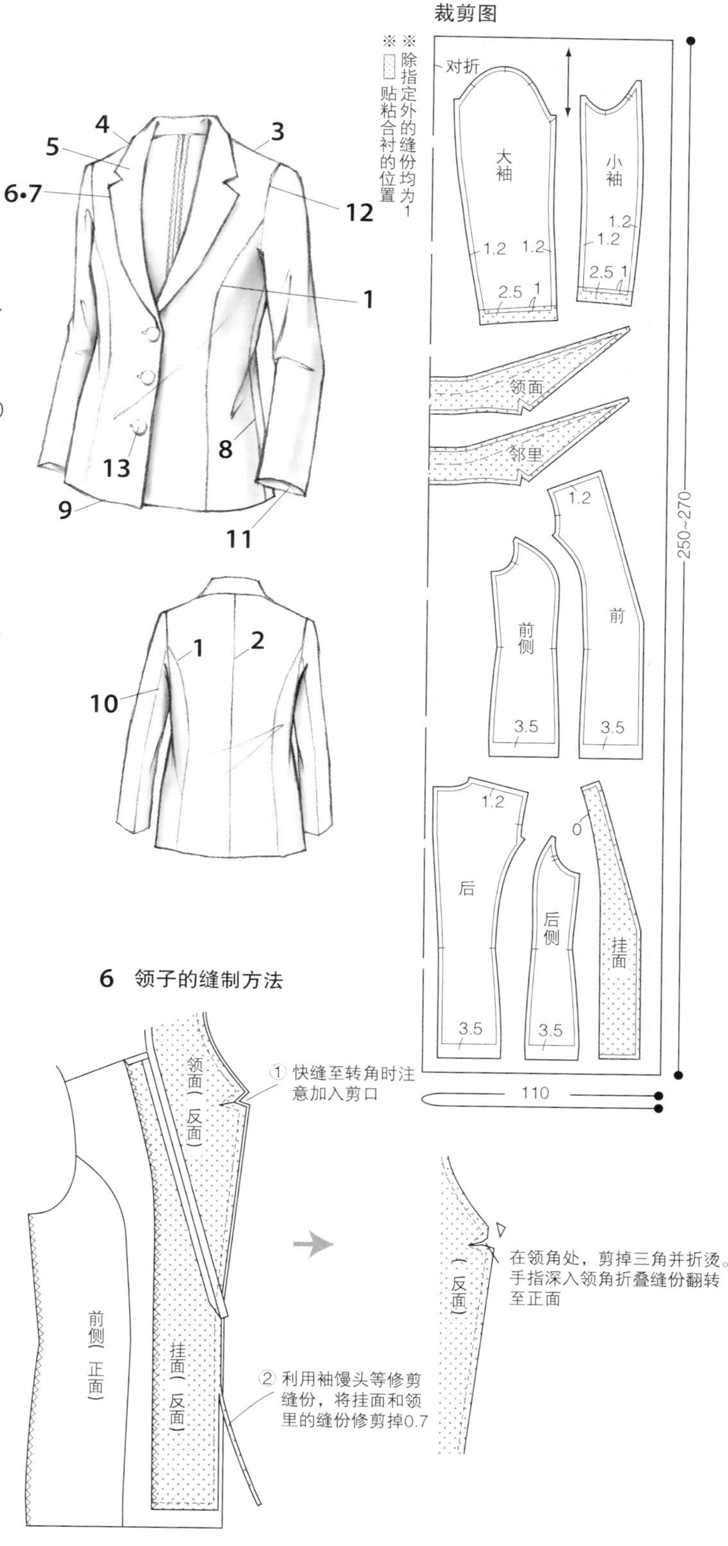

Style 4
刀背缝夹克衫

● **必要的纸样（反面）**

后片、前片、后侧、前侧、后腰部装饰边、前腰部装饰边、挂面、后领围贴边、大袖、小袖。

● **材料**

面料：宽110厘米，长220厘米（S/M）、240厘米（ML/L）；

粘合衬：宽90厘米，长60厘米；

隐形拉链：长56厘米，1根。

● **准备**

挂面、后领围贴边、袖口贴粘合衬；

前后衣身肩线、袖片除袖山以外的缝份拷边。

● **缝制步骤**

1 前后衣身刀背缝分别缝合，缝份两片一起拷边，缝份向中心侧倒，并从正面车辑明线；

2 前后腰部装饰边和前后衣身分别缝合，缝份两片一起拷边，缝份向装饰边侧倒，并从正面车辑明线，侧缝拷边；

3 后中心缝合，缝份两片一起拷边，缝份向后衣身侧倒并从正面车辑明线；

4 前中心正面对合大针距缝合，缝份分开缝；

5 假缝固定拉链；

6 前后衣身的肩缝缝合，缝份分开缝；

7 挂面和后领围贴边的肩线缝合，缝份分开缝，挂面和后领围贴边里侧拷边；

8 衣身和贴边正面对合，缝合领围和挂面下摆；

9 翻折至正面，整理贴边里外匀，拉链车辑明线固定；

10 前后衣身的侧缝缝合，缝份分开缝，下摆拷边；

11 下摆翻折缲缝；

12 小袖和大袖缝合，缝份分开缝；

13 袖口折烫缲缝；

14 装袖，缝份两片一起拷边。

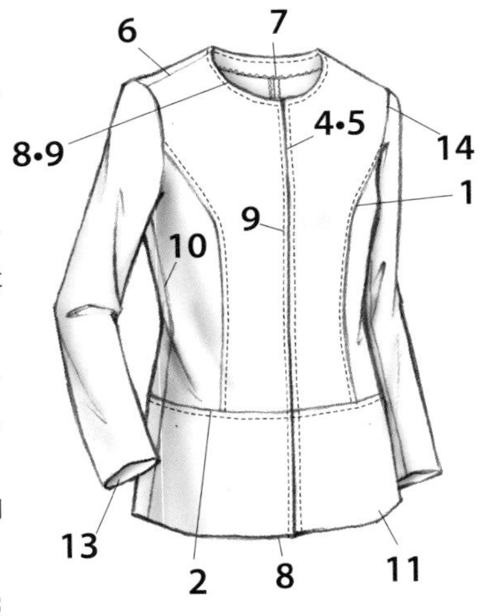

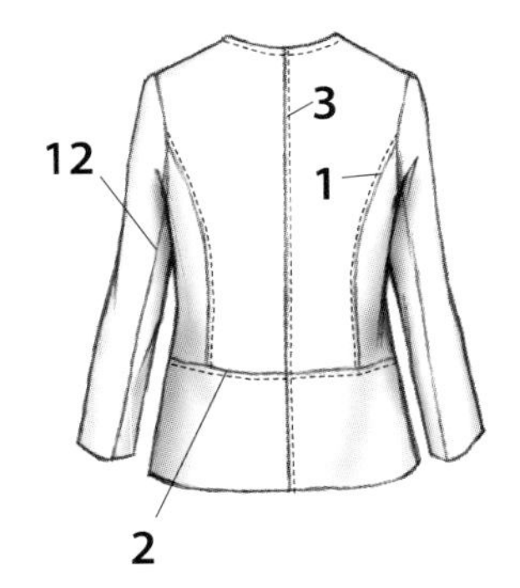

裁剪图

※除指定外的缝份均为1

※▢贴粘合衬的位置

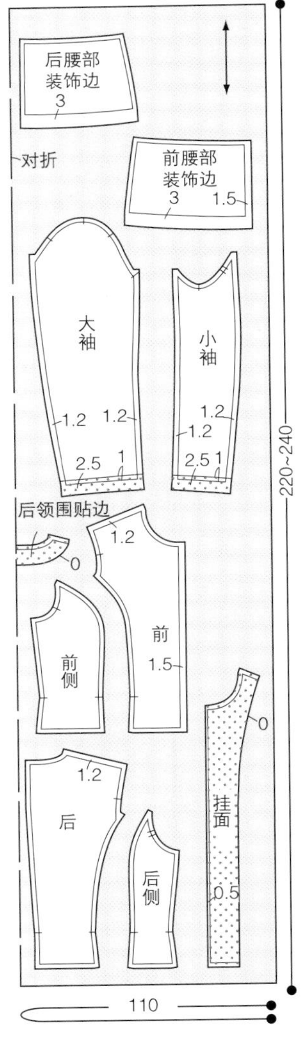

5 拉链

8,9 拉链的缝制方法

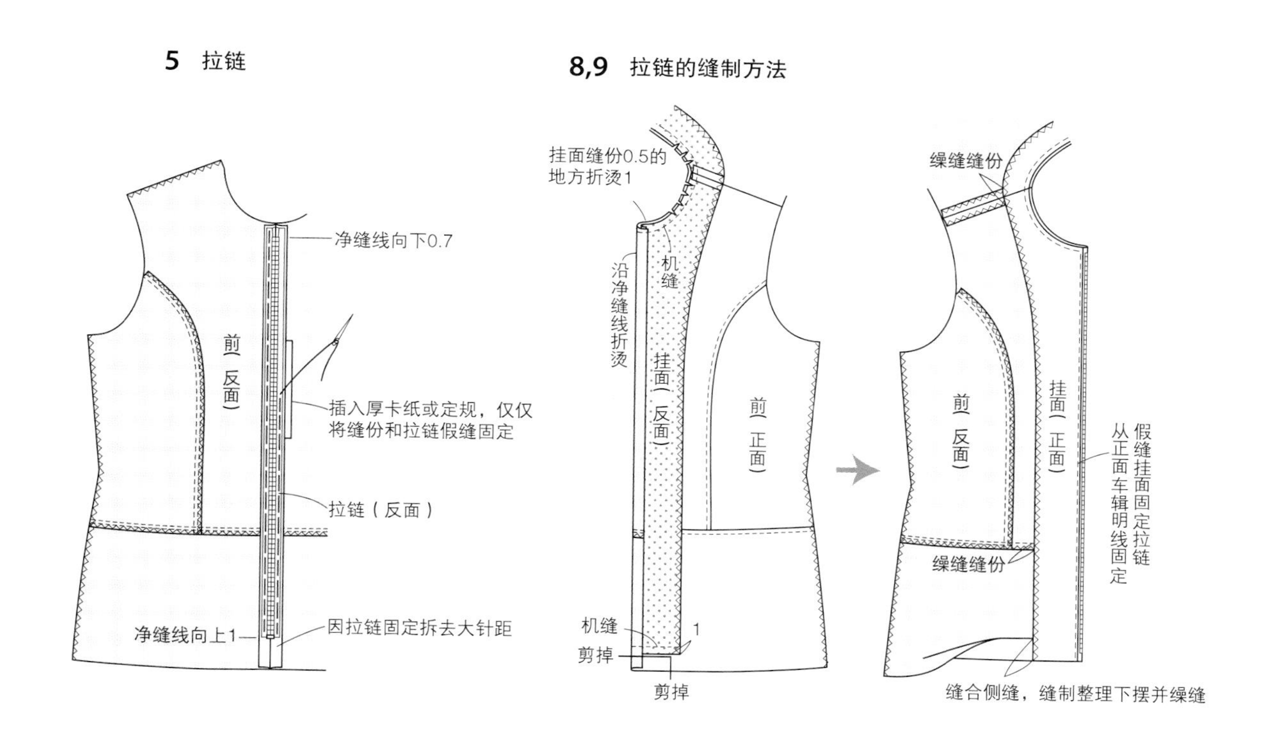

Style 4
刀背缝夹克衫

● **必要的纸样（反面）**

后片、前片、后侧、前侧、后腰部装饰边、前腰部装饰边、挂面、后领围贴边、前领、后领、大袖、小袖。

● **材料**

面料：宽110厘米，长230厘米（S/M）、250厘米（ML/L）；

粘合衬：宽90厘米，长50厘米；

内衣搭扣：4对。

● **准备**

挂面、后领围贴边贴粘合衬；

后中心、前后衣身刀背缝、肩线、侧缝、袖片除袖山以外、装饰边侧缝、领子的肩线拷边。

● **缝制步骤**

1 前侧收省，缝份向中心侧倒；
2 前后衣身刀背缝分别缝合，缝份分开缝；
3 后中心缝合，缝份分开缝；
4 前后衣身的肩缝缝合，缝份分开缝；
5 挂面和后领围贴边的肩线缝合，缝份分开缝，挂面和后领围贴边里侧拷边；
6 前领和后领的肩线缝合，缝份分开缝，领外围的面料缝合并整理；
7 装领子；
8 前后腰部装饰边的侧缝缝合，缝份分开缝；
9 腰部装饰边的前端和下摆三折缲缝；
10 衣身和装饰边正面对合缝制，缝份两片一起拷边，缝份向衣身侧倒，挂面下摆缲缝；
11 小袖和大袖缝合，缝份分开缝；
12 袖口折烫缲缝；
13 装袖，缝份两片一起拷边；
14 前中心锁纽眼钉纽扣。

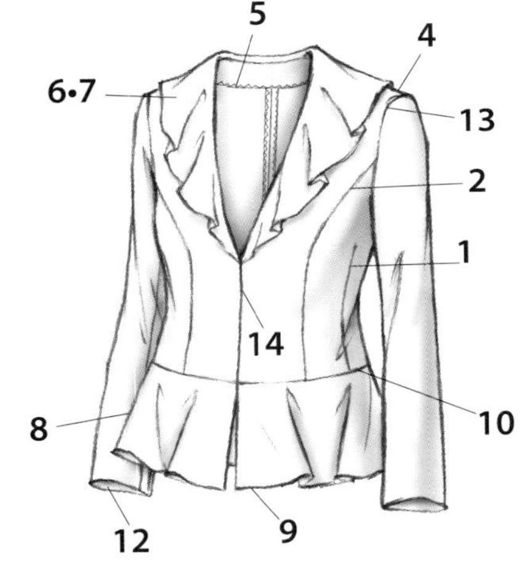

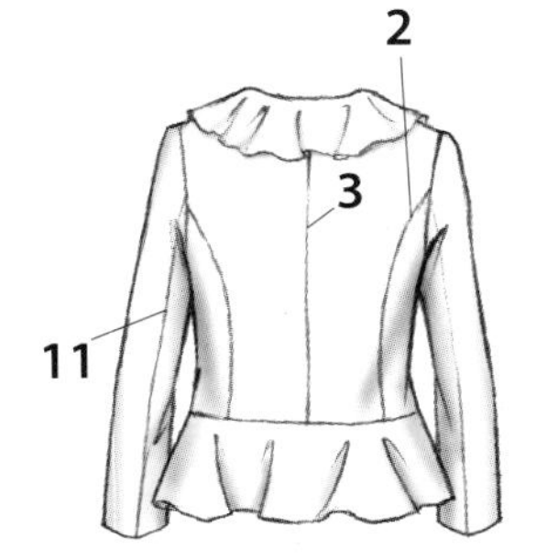

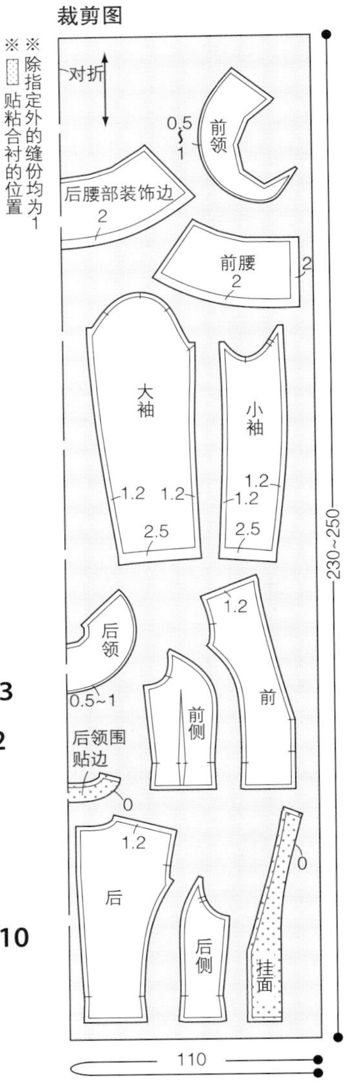

6,7 领子的缝制方法

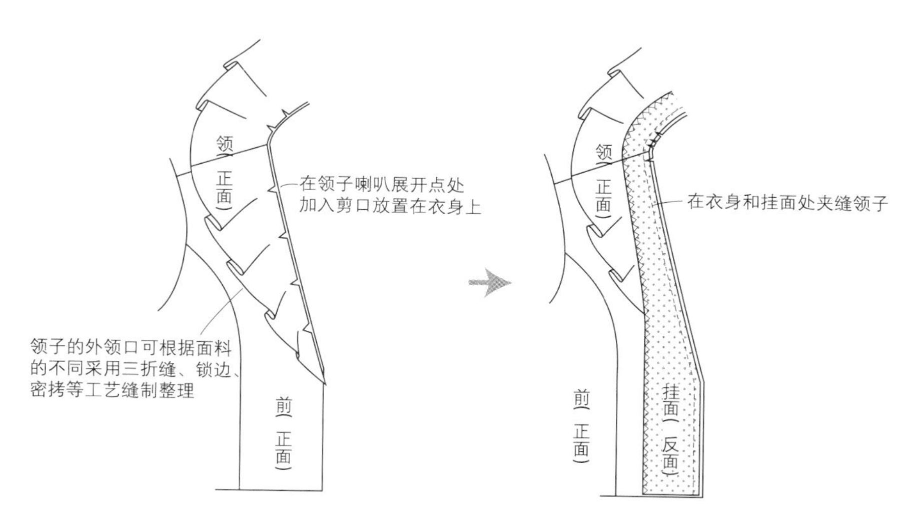

8,9 腰部装饰边的缝制方法

14 装风纪扣的方法

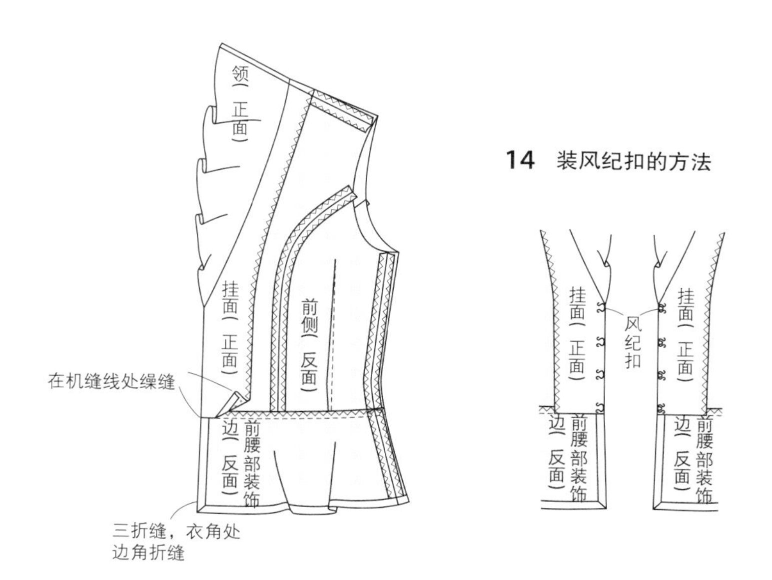

Style 5
披肩

基 本　30页

● **必要的纸样（正面）**

后片、前片、挂面、后领围贴边。

● **材料**

面料：宽140厘米，长90厘米（S/M）、100厘米（ML/L）；

粘合衬：宽90厘米，长50厘米；

纽扣：直径2厘米，1粒。

● **准备**

挂面、后领围贴边贴粘合衬；

前后衣身肩线拷边。

● **缝制步骤**

1 前后衣身按对位记号对合，吃势量不偏移缝合肩线，缝份分开缝，下摆拷边；

2 挂面和后领围贴边的肩线缝合，缝份分开缝，挂面和后领围贴边里侧拷边；

3 衣身和贴边正面对合缝制，缝合挂面下摆、前端、领围；

4 翻折至正面，整理贴边里外匀；

5 下摆折烫缲缝；

6 前中心锁纽眼钉纽扣。

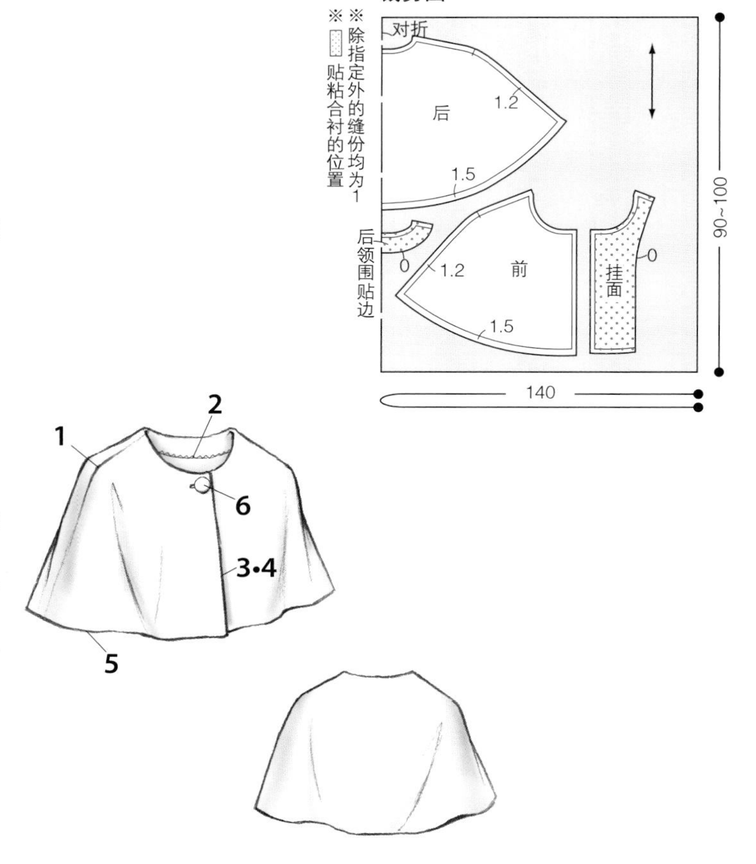

5 下摆的缝制方法

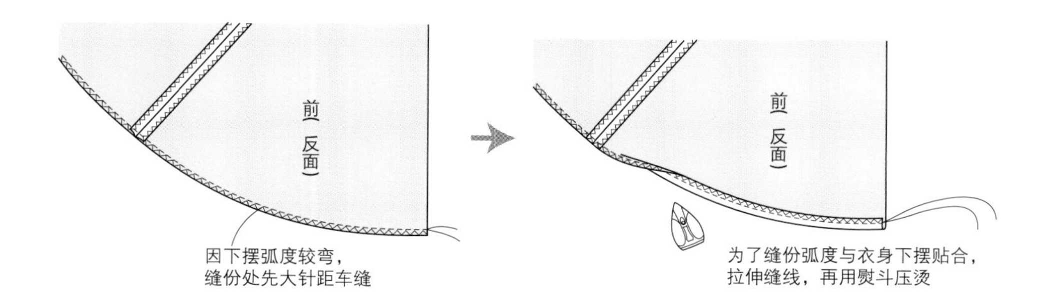

Style 5
披肩

31页

● **必要的纸样（反面）**

后片、前片、后育克、前育克、后领围贴边。

● **材料**

面料：宽140厘米，长90厘米（S/M）、100厘米（ML/L）；

粘合衬：宽90厘米，长25厘米；

纽扣：直径1.5厘米，2粒。

● **准备**

后领围贴边贴粘合衬；

前后育克肩线、前后衣身肩线拷边。

● **缝制步骤**

1 前后育克按对位记号对合，吃势量不偏移缝合肩线，缝份分开缝；

2 前后衣身肩线缝合后，缝份分开缝，下摆拷边；

3 育克和衣身缝合，缝份两片一起拷边，缝份向育克侧倒；

4 前后贴边的肩线缝合，缝份分开缝，贴边里侧拷边；

5 育克和贴边正面对合缝制领围；

6 翻折至正面，整理贴边里外匀；

7 下摆折烫缲缝；

8 前中心锁纽眼钉纽扣。

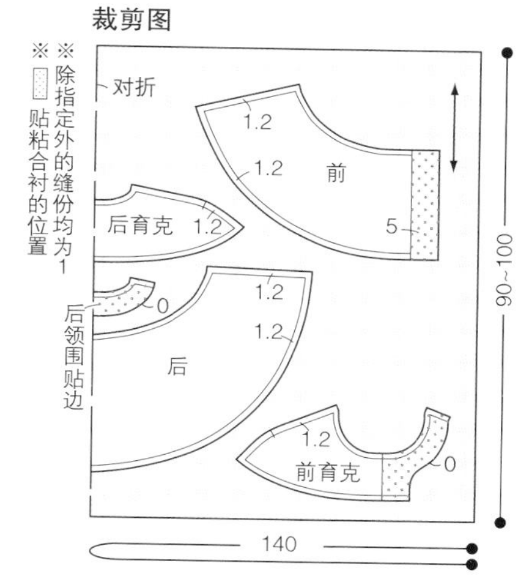

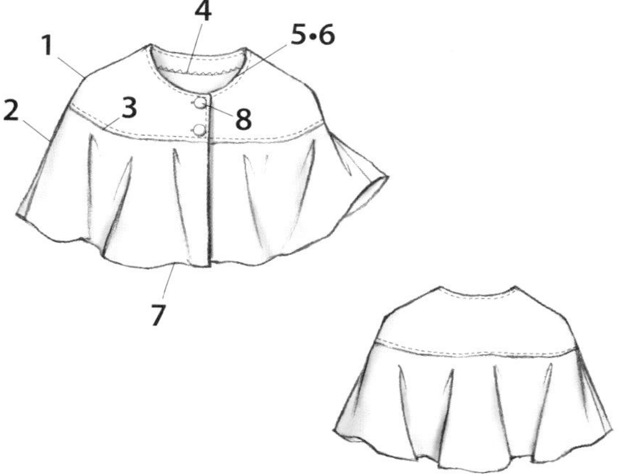

3 育克与衣身的缝制方法

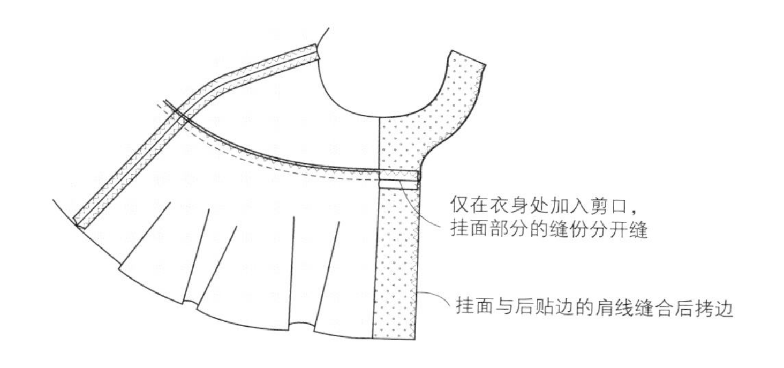

Style 5
披肩

32页

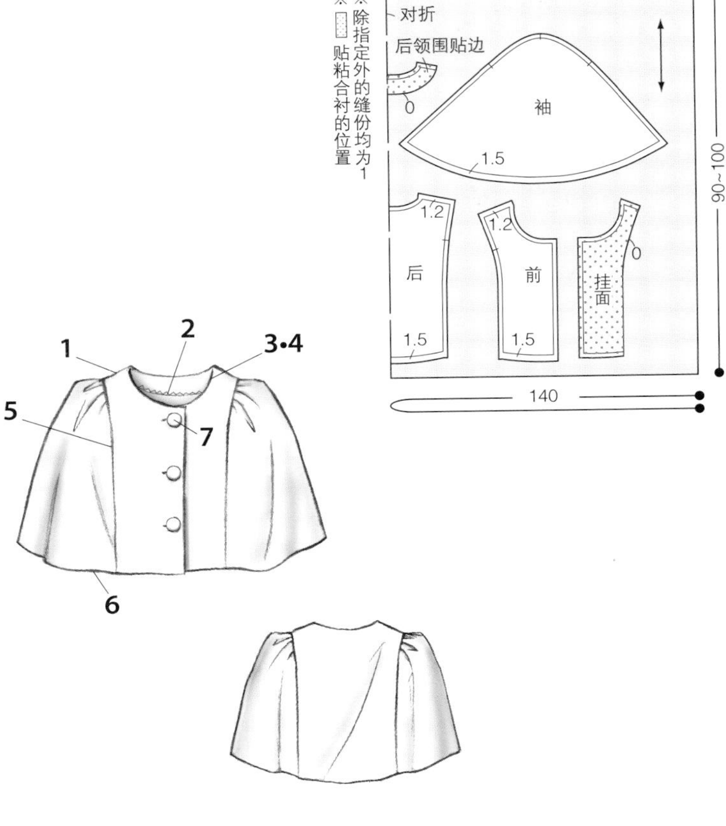

● **必要的纸样（正面）**

后片、前片、挂面、后领围贴边、袖片。

● **材料**

面料：宽140厘米，长90厘米（S/M）、100厘米（ML/L）；

粘合衬：宽90厘米，长40厘米；

纽扣：直径2厘米，3粒。

● **准备**

挂面、后领围贴边贴粘合衬；

前后衣身肩线拷边。

● **缝制步骤**

1 前后衣身肩线缝合后，缝份分开缝；
2 挂面和后领围贴边的肩线缝合，缝份分开缝，挂面和后领围贴边里侧拷边；
3 衣身和贴边正面对合，缝合挂面下摆、前端、领围；
4 翻折至正面，整理贴边里外匀；
5 装袖，缝份两片一起拷边，缝份向袖侧倒，下摆拷边；
6 下摆折烫缲缝；
7 前中心锁纽眼钉纽扣。

5 袖子的缝制方法

在袖山的对位记号中间，大针距车缝，拉出抽缩缝的线。仅熨烫缝份，整烫缩缝量

袖（正面）

① 袖片朝上机缝，并再次熨烫缝份

袖（反面）

挂面（正面）

③ 缝份倒向袖侧，下摆拷边

袖（反面）

衣身（反面）

② 两片一起拷边，但仅在衣身的下摆处加入剪口，分开缝

Style 5
披肩

● **必要的纸样（反面）**

后片、前片、挂面、翻领、领座、肩章、肩章襻。

● **材料**

面料：宽140厘米，长110厘米（S/M）、130厘米（ML/L）；

粘合衬：宽90厘米，长40厘米；

纽扣1：直径1.5厘米，4粒（门襟）；

纽扣2：直径1厘米，2粒（肩章）。

● **准备**

翻领、领座、挂面、肩章贴边贴粘合衬；

前后衣身肩线、挂面里侧拷边。

● **缝制步骤**

1 前后衣身按对位记号对合，吃势量不偏移缝合肩线，缝份分开缝，下摆拷边；

2 衣身和贴边正面对合缝至装领止点，加入剪口，翻折至正面，整理贴边里外匀；

3 下摆折烫缲缝，前端车缝辑明线；

4 做领子；

5 装领子；

6 制作肩章和肩章襻；

7 将肩章襻缝装在衣身上，穿入肩章并用纽扣固定；

8 锁纽眼钉纽扣。

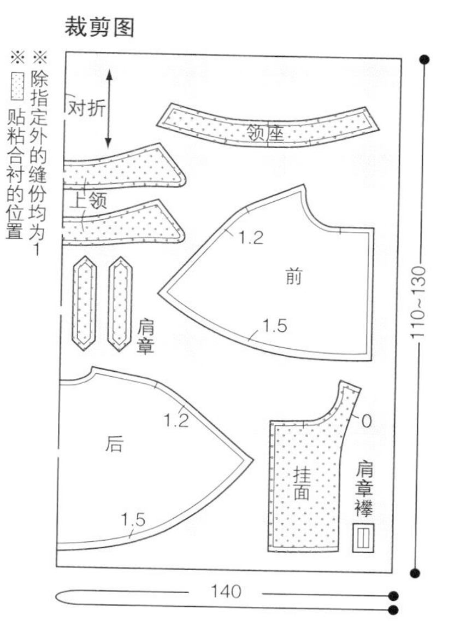

4 领子的缝制方法

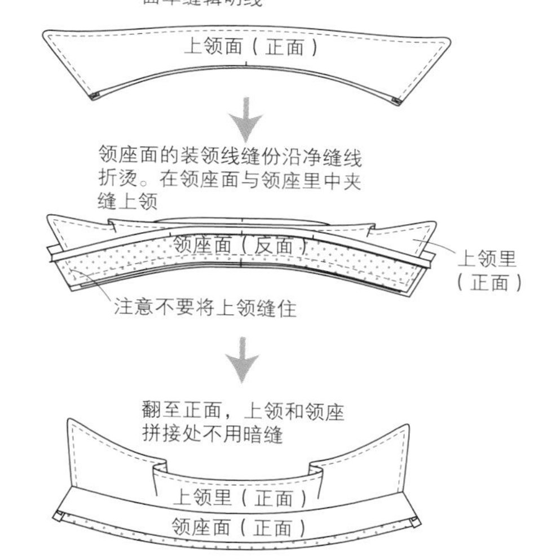

5 装领方法

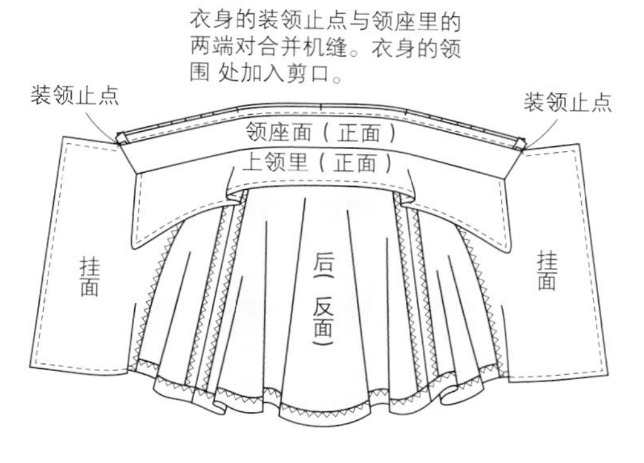

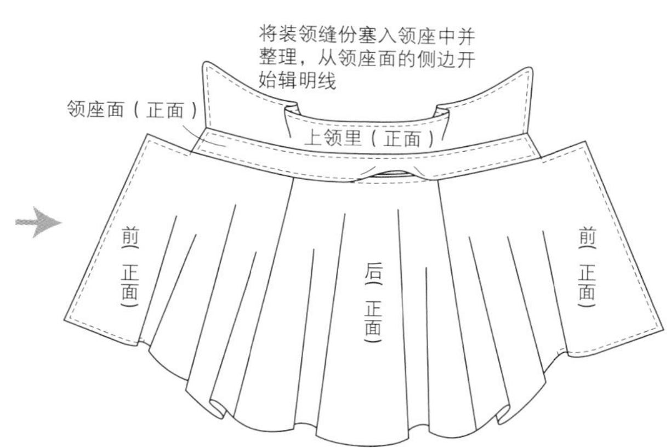

Style 6
喇叭式大衣

36页

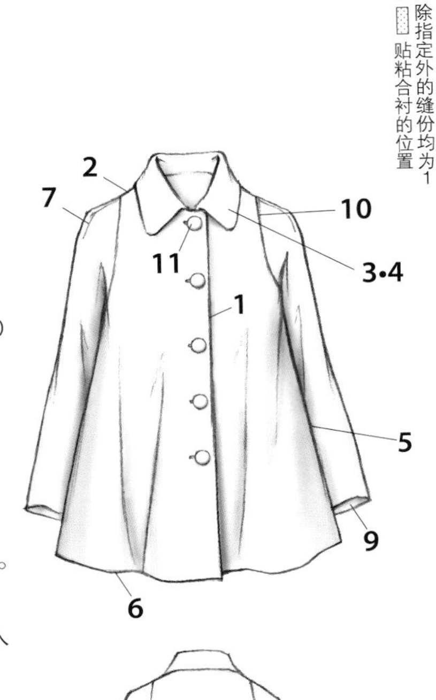

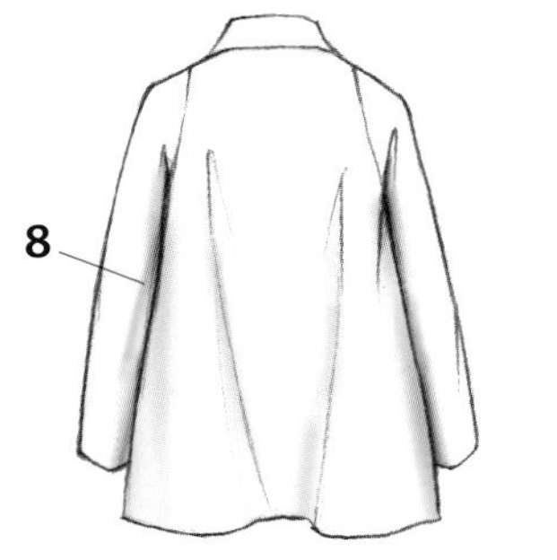

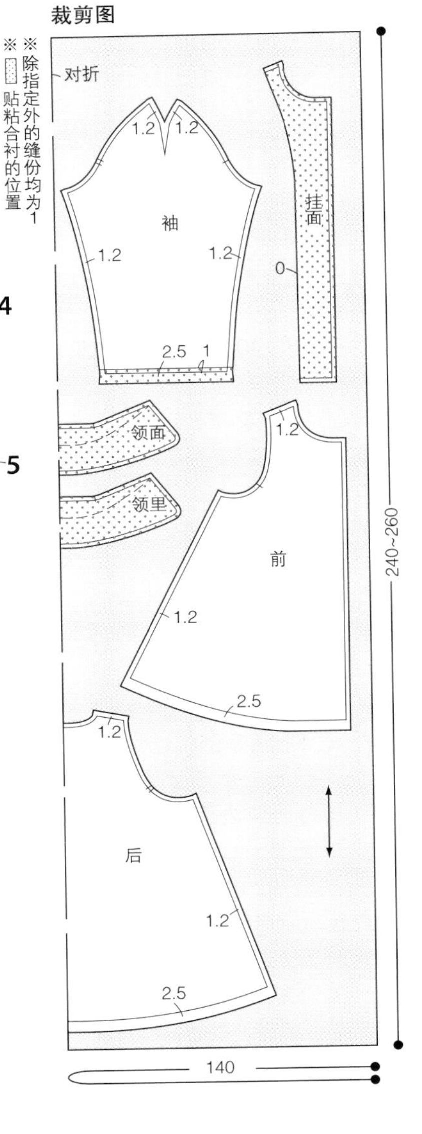

● **必要的纸样（正面）**

后片、前片、挂面、袖片、领子。

● **材料**

面料：宽140厘米，长240厘米（S/M）、260厘米（ML/L）；

粘合衬：宽90厘米，长80厘米；

纽扣：直径2厘米，5粒。

● **准备**

挂面、领子、袖口贴粘合衬；

前后衣身肩线、侧缝、袖下、袖口、挂面里侧拷边。

● **缝制步骤**

1 衣身和贴边正面对合，装领止点处加入剪口并翻折至正面、整理贴边里外匀；
2 前后衣身肩线缝合后，缝份分开缝；
3 做领子；
4 装领子；
5 前后衣身侧缝缝合后，缝份分开缝；
6 衣身下摆拷边，下摆折烫缲缝；
7 缝合袖片省道；
8 袖下缝合，缝份分开缝；
9 袖口折烫缲缝；
10 装袖，缝份两片一起拷边，缝份向侧缝倒；
11 前中心锁纽眼钉纽扣。

3 领子的缝制方法

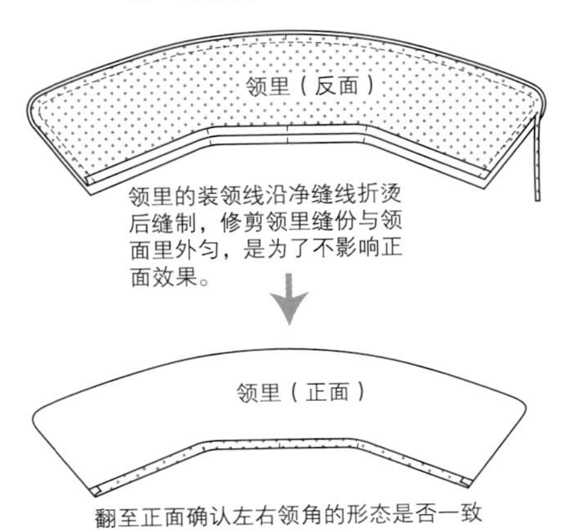

7 袖片省道的缝制方法

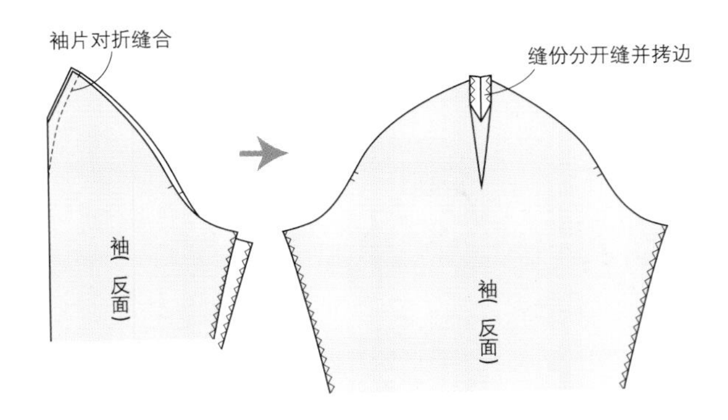

Style 6

喇叭式大衣

37页

● **必要的纸样（反面）**

后片、前片、挂面、后领围贴边、袖片。

● **材料**

面料：宽140厘米，长220厘米（S/M）、240厘米（ML/L）；

粘合衬：宽90厘米，长70厘米；

纽扣：直径1.5厘米，5粒。

● **准备**

挂面、袖口贴粘合衬；

后中心、前后衣身肩线、侧缝、下摆、袖下、袖口拷边。

● **缝制步骤**

1 后中心缝合，缝份分开缝；

2 前后衣身肩线缝合，缝份分开缝；

3 挂面和后领围贴边的肩线缝合，缝份分开缝，挂面和后领围贴边里侧拷边；

4 衣身和贴边正面对合，缝合下摆、前端、领围；

5 翻折至正面，整理贴边里外匀；

6 前后衣身侧缝缝合后，缝份分开缝；

7 下摆折烫缲缝；

8 缝合袖片省道（参照70页）；

9 袖下缝合，缝份分开缝；

10 袖口折烫缲缝；

11 装袖，缝份两片一起拷边，缝份向侧缝倒；

12 前中心锁纽眼钉纽扣。

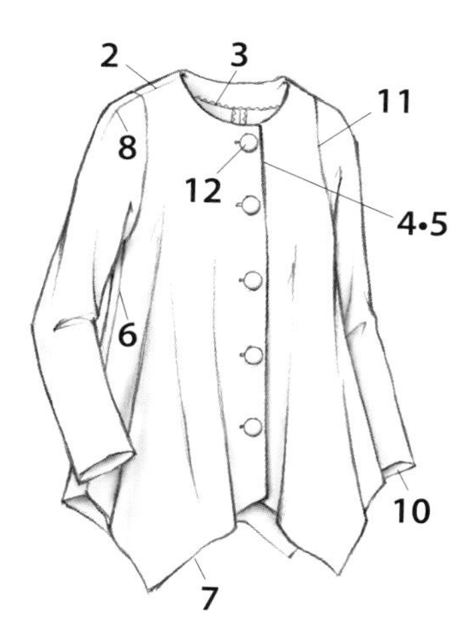

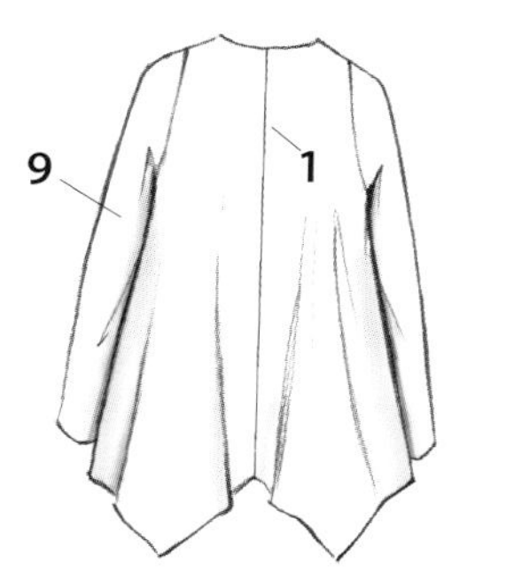

裁剪图

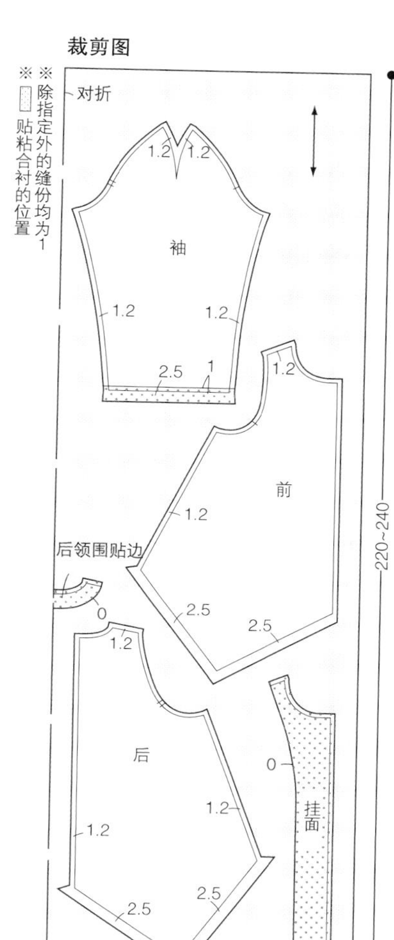

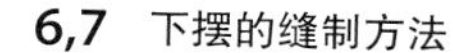

6,7 下摆的缝制方法

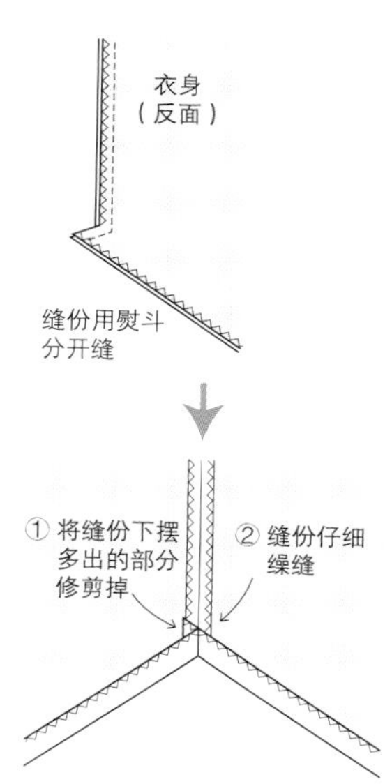

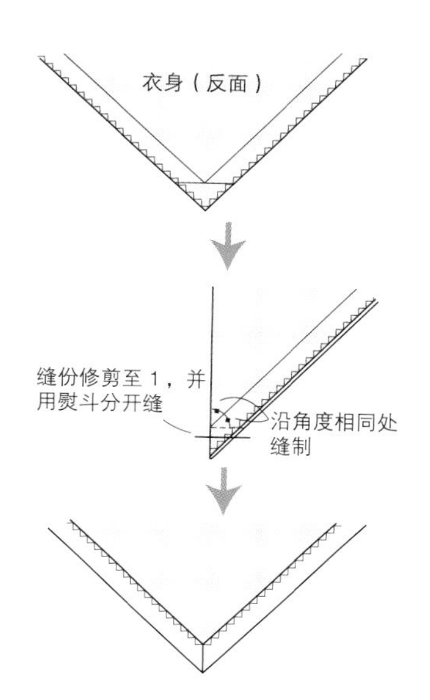

下摆缝份的缝装方法

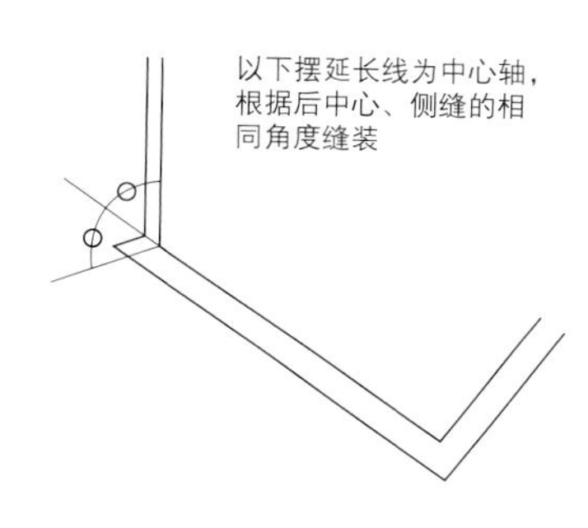

Style 6
喇叭式大衣

38页

● **必要的纸样（正面）**

后片、前片、后拼接布、前拼接布、袖片、贴布、腰带。

● **材料**

面料：宽140厘米，长210厘米（S/M）、230厘米（ML/L）；

粘合衬：宽90厘米，长80厘米；

纽扣：直径2厘米，5粒。

● **准备**

拼接布、贴边、袖口贴粘合衬；

前后衣身侧缝、贴边里侧、袖下、袖口拷边。

● **缝制步骤**

1 前后衣身侧缝缝合，缝份分开缝，下摆拷边；
2 贴布沿净缝线折烫，缝装在衣身上；
3 缝合袖片省道（参照70页）；
4 袖下缝合，缝份分开缝；
5 袖口折烫缲缝；
6 装袖，缝份两片一起拷边，缝份向侧缝倒；
7 前后拼接布的肩线缝合，缝份分开缝，拼接布里用同样的方法缝制；
8 拼接布面和拼接布里正面对合缝制；
9 翻折至正面，整理贴边里外匀；
10 贴边沿净缝线折烫于衣身，衣身和拼接布正面对合缝制，缝份向拼接布侧倒；
11 在拼接布上车缝辑明线；
12 下摆折烫缲缝；
13 前中心锁纽眼钉纽扣；
14 缝制腰带，穿入贴布。

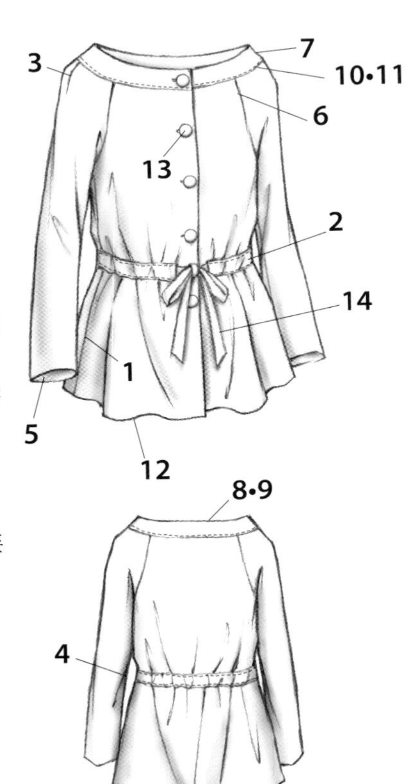

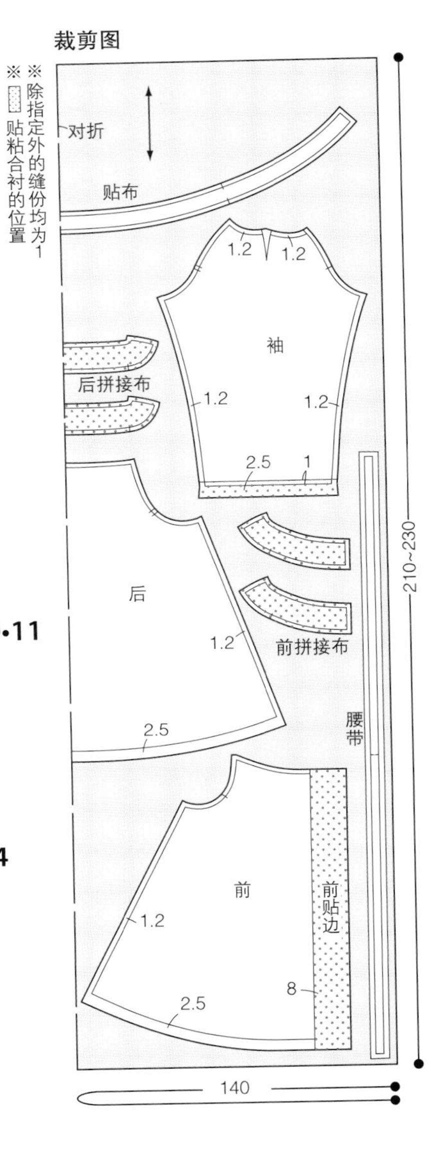

2 贴布的缝制方法

8,9 拼接布的缝制方法

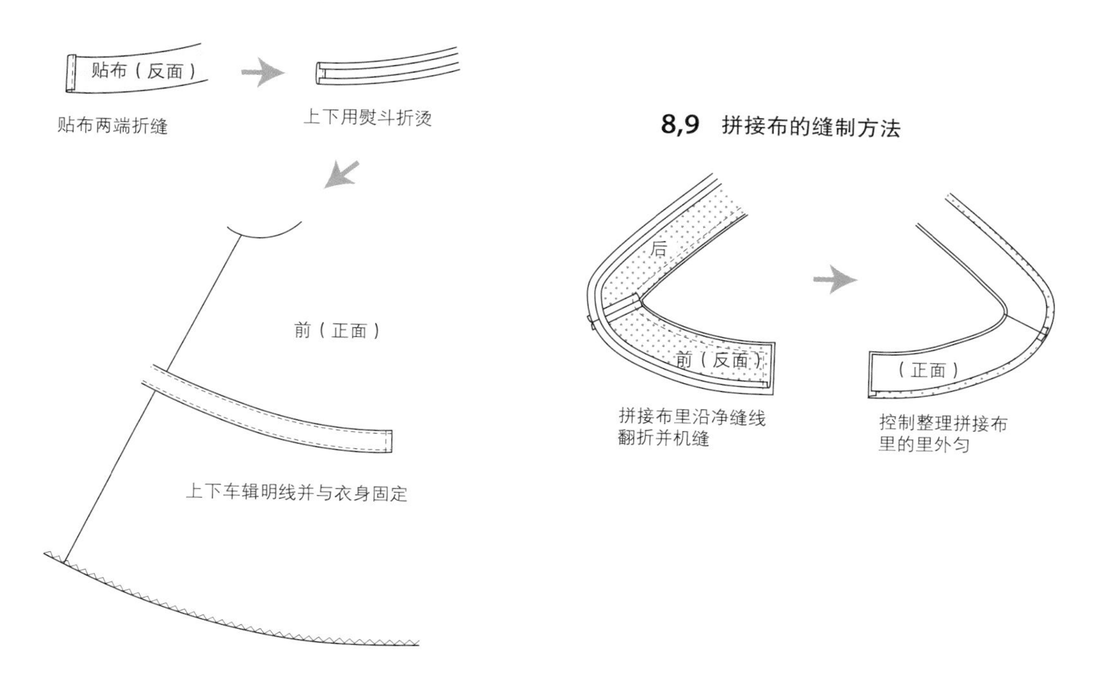

10,11 装拼接布的方法

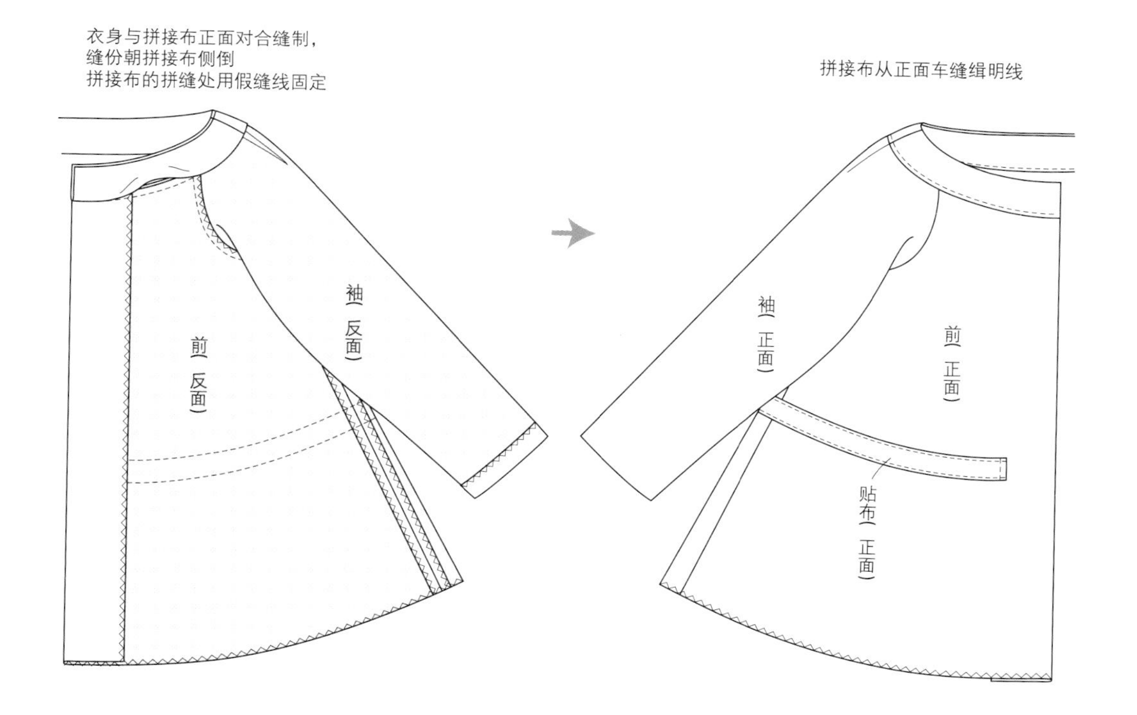

Style 6
喇叭式大衣

39页

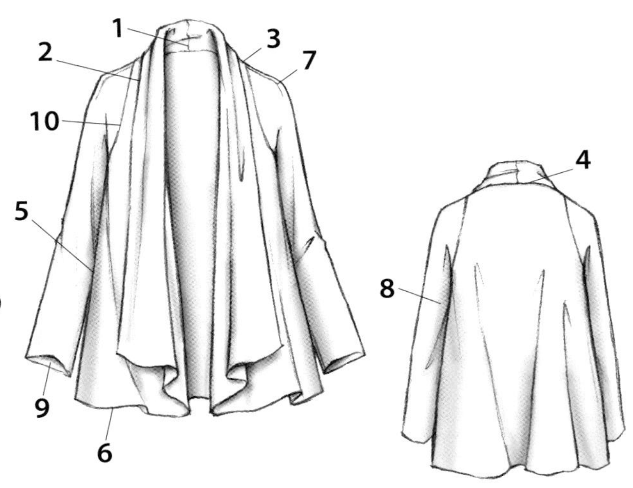

● **必要的纸样(反面)**

后片、前片、袖片、领口用斜料。

● **材料**

面料：宽140厘米，长280厘米(S/M)、300厘米(ML/L)。

● **准备**

前后衣身侧缝、袖下拷边。

● **缝制步骤**

1 前衣身从外侧缝合，后领中心包缝；
2 领外围、前端三折缲缝；
3 前后衣身侧缝缝合，缝份两片一起拷边，缝份向后侧倒；
4 后领围使用领口斜料布缝装领子；
5 前后衣身侧线缝合，缝份分开缝；
6 下摆三折缲缝；
7 缝合袖片省道并拷边，缝份向前袖侧倒；
8 袖下缝合，缝份分开缝；
9 袖口三折缲缝；
10 装袖，缝份两片一起拷边，缝份向袖侧倒。

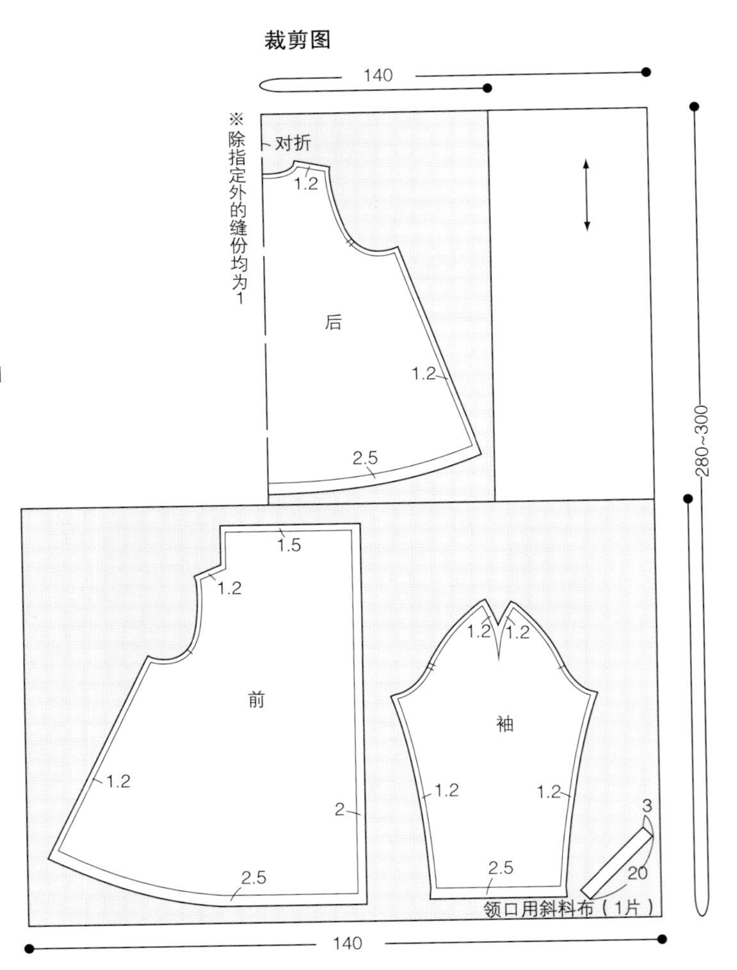

1~3 领子的缝制方法

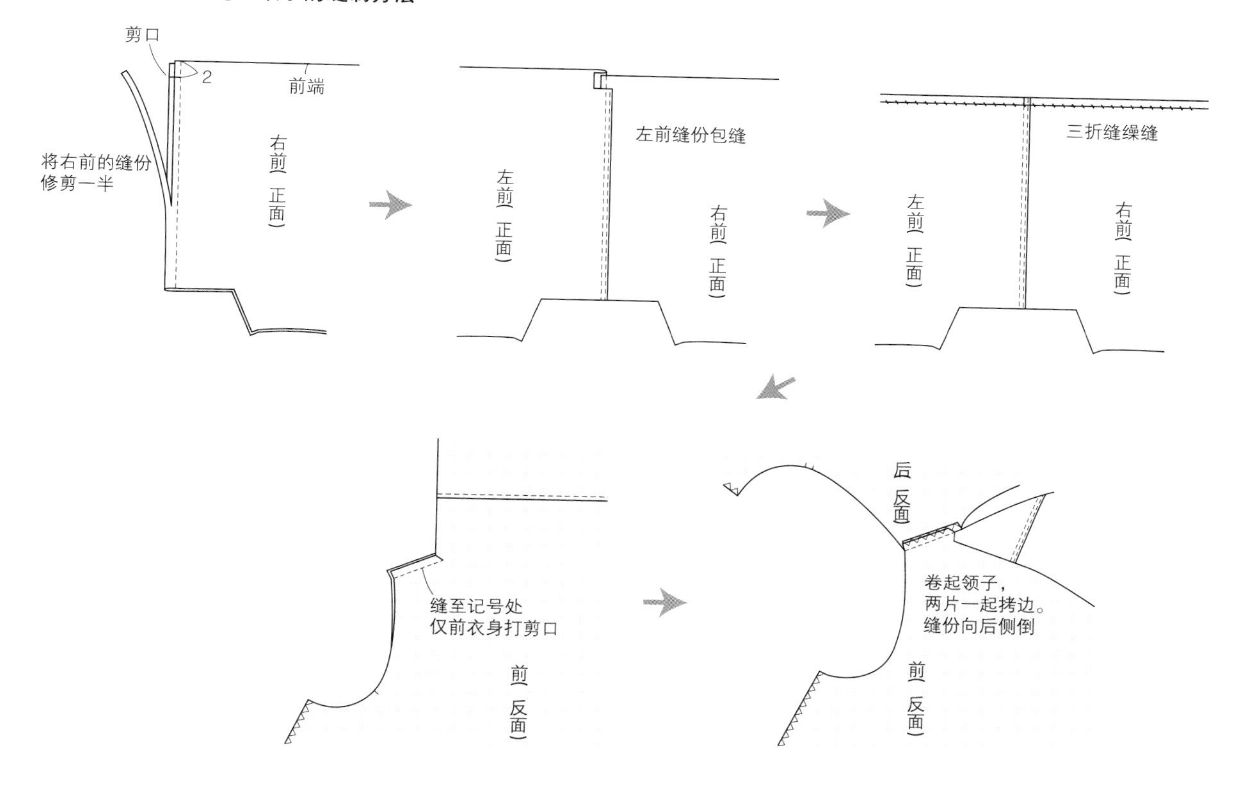

4 后领围的缝制方法

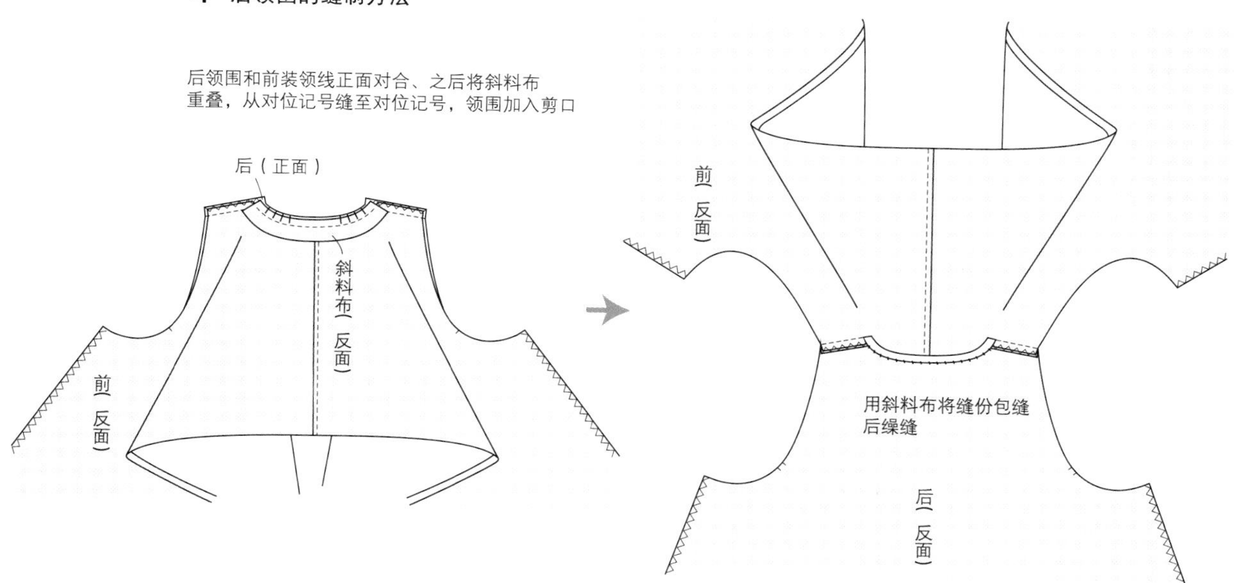

图书在版编目（CIP）数据

有趣的女装纸样变化：夹克衫、马甲、大衣、披肩 /（日）野中庆子，（日）杉山叶子著；宋丹译. —上海：上海科学技术出版社，2016.1
ISBN 978-7-5478-2852-6

Ⅰ.①有… Ⅱ.①野… ②杉… ③宋… Ⅲ.①女服—连衣裙—纸样设计 Ⅳ.①TS941.717

中国版本图书馆CIP数据核字（2015）第255895号

书册设计 岡山元子
电脑制图 薄井年夫
纸样推档 上野和博
校　　对 向井雅子
制作方法解说 小林凉子
协　　力 文化学园时尚资源中心
编辑协力 山崎舞华
编　　辑 平山伸子（文化出版局）

有趣的女装纸样变化：夹克衫、马甲、大衣、披肩

[日]　野中庆子　杉山叶子　著
宋　丹　译

上海世纪出版股份有限公司
上 海 科 学 技 术 出 版 社 出版
（上海钦州南路71号　邮政编码200235）
上海世纪出版股份有限公司发行中心发行
200001　上海福建中路193号　www.ewen.co
浙江新华印刷技术有限公司印刷
开本 787×1092　1/16　印张 4.75　插页 1
字数 100千字
2016年1月第1版　2016年1月第1次印刷
ISBN 978 7 5478 2852 6 / TS · 175
定价：32.00元